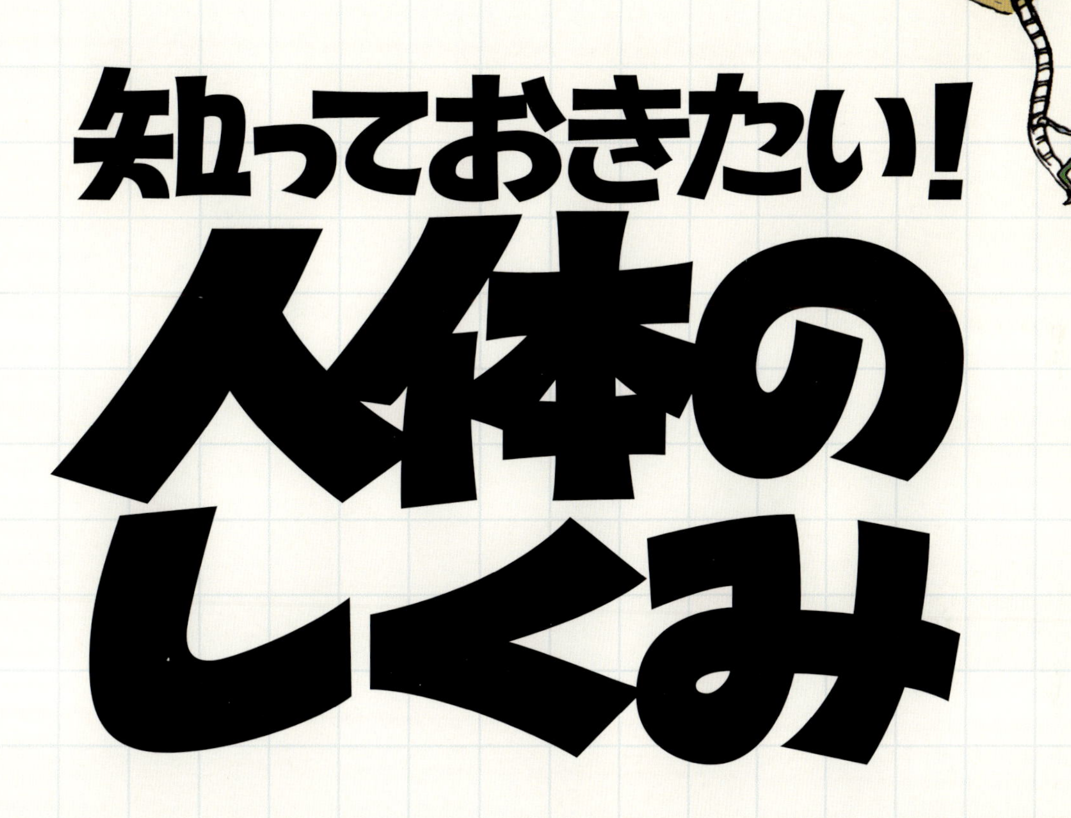

知っておきたい！ 人体のしくみ

東京書籍

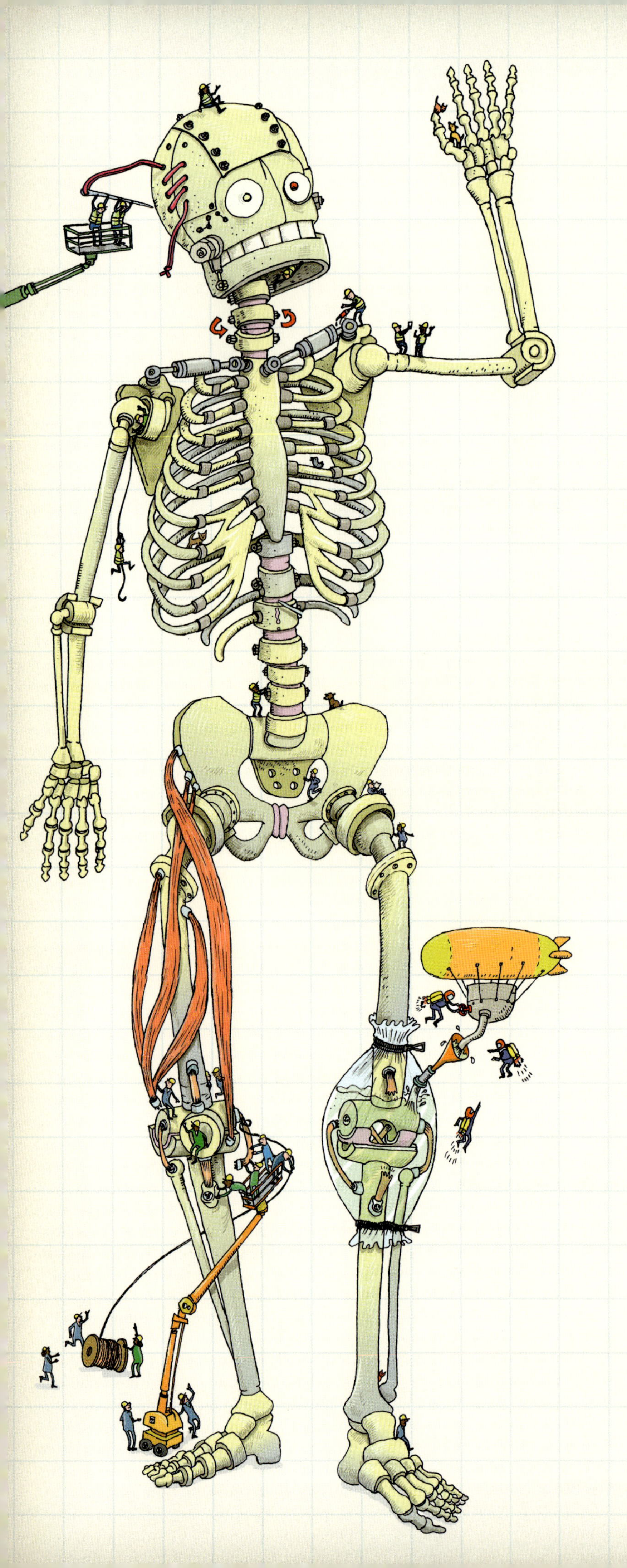

Original title : STUFF YOU SHOULD KNOW ABOUT THE HUMAN BODY
First Published in 2017 by QED Publishing,
an imprint of The Quarto Group
The Old Brewery, 6 Blundell Street,
London N7 9BH, United Kingdom.

Printed in China

Japanese translation rights arranged with The Quarto Group, London
through Tuttle-Mori Agency, Inc., Tokyo

Author: John Farndon
Illustrator: Tim Hutchinson
Editorial Director: Laura Knowles
Art Director: Susi Martin
Publisher: Maxime Boucknooghe
Designed and edited by Tall Tree Ltd

翻訳者	鍋倉僚介
日本版編集協力・DTP	株式会社リリーフ・システムズ
日本版校閲	岡崎　務
日本版編集統括	山本浩史（東京書籍）
日本版装幀・ブックデザイン	山田和寛（nipponia）

知っておきたい！　人体のしくみ

2019年8月10日　第1刷発行

文	ジョン・ファーンドン
絵	ティム・ハッチンソン
監訳者	松村 讓 兒
発行者	千石雅仁
発行所	東京書籍株式会社
	〒114-8524 東京都北区堀船2-17-1
電話	03-5390-7531（営業）
	03-5390-7508（編集）

ISBN978-4-487-81250-9 C0640

知っておきたい！
人体のしくみ

ジョン・ファーンドン［文］　ティム・ハッチンソン［絵］
松村譲兒［監訳］

もくじ

＊印は観音開きのページ

体の中を旅しよう！

人によって体の形はさまざま。大きさもいろいろだ。では、体の中はどうなっているだろう？　小さなツアーガイドたちが、旅につれていってくれるよ。かっこいいジェットコースターで、きみの体の中をめぐるんだ。でもその前に、ちょっとのぞいてみよう……

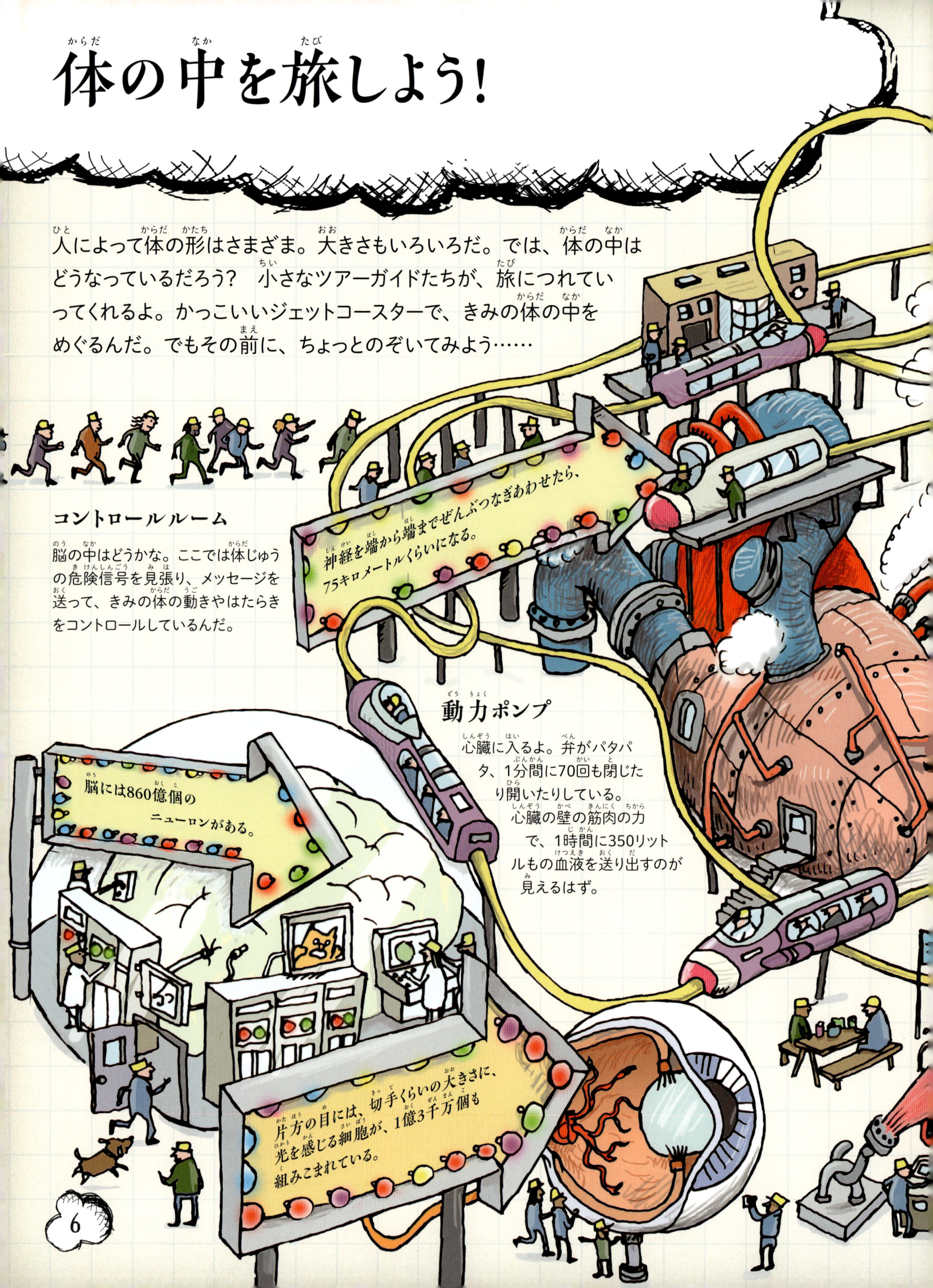

コントロールルーム

脳の中はどうかな。ここでは体じゅうの危険信号を見張り、メッセージを送って、きみの体の動きやはたらきをコントロールしているんだ。

動力ポンプ

心臓に入るよ。弁がパタパタ、1分間に70回も閉じたり開いたりしている。心臓の壁の筋肉の力で、1時間に350リットルもの血液を送り出すのが見えるはずだ。

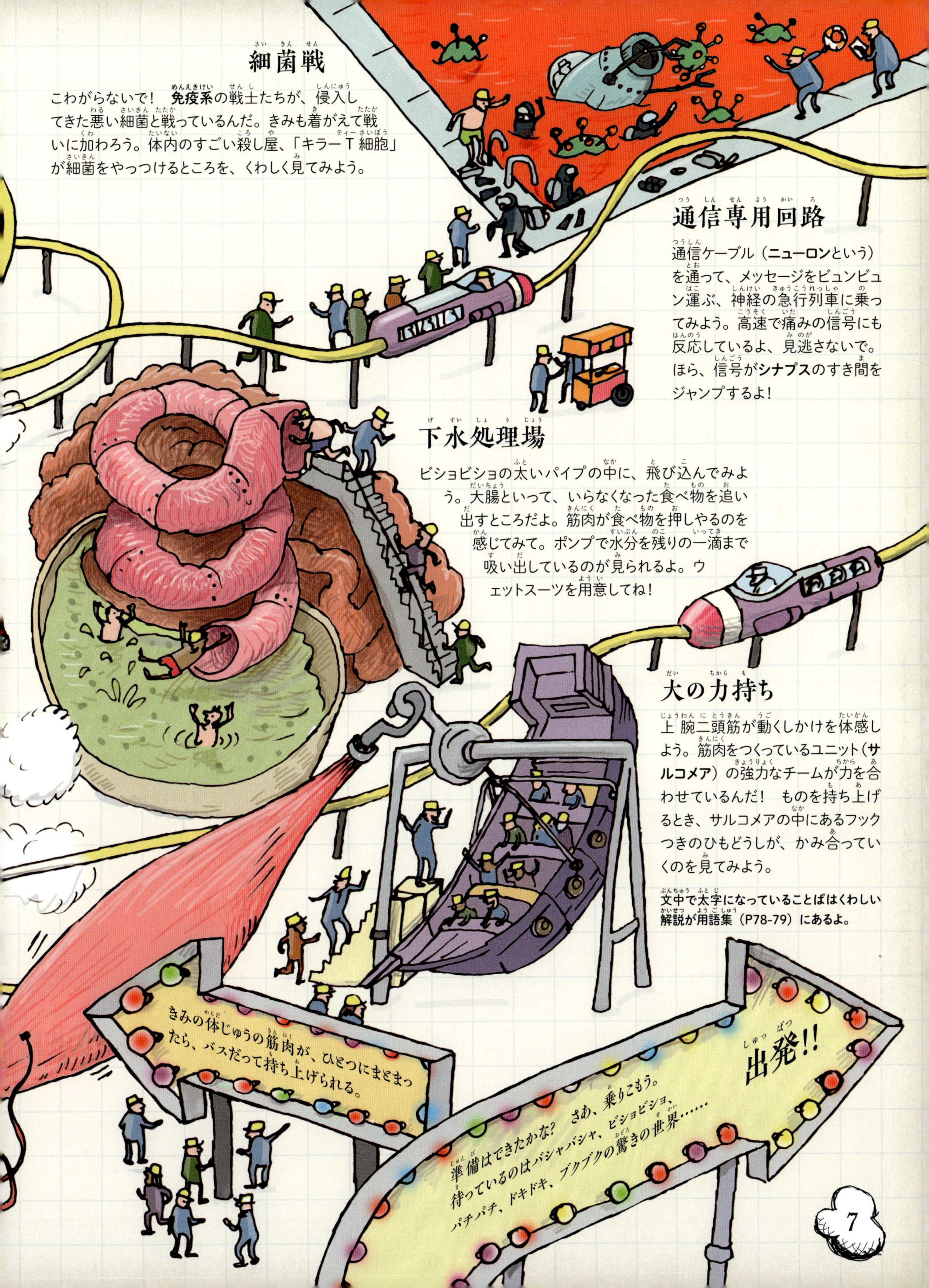

細菌戦

こわがらないで！ **免疫系**の戦士たちが、侵入してきた悪い細菌と戦っているんだ。きみも着がえて戦いに加わろう。体内のすごい殺し屋、「キラーT細胞」が細菌をやっつけるところを、くわしく見てみよう。

通信専用回路

通信ケーブル（**ニューロン**という）を通って、メッセージをビュンビュン運ぶ、神経の急行列車に乗ってみよう。高速で痛みの信号にも反応しているよ、見逃さないで。ほら、信号が**シナプス**のすき間をジャンプするよ！

下水処理場

ビショビショの太いパイプの中に、飛び込んでみよう。大腸といって、いらなくなった食べ物を追い出すところだよ。筋肉が食べ物を押しやるのを感じてみて。ポンプで水分を残りの一滴まで吸い出しているのが見られるよ。ウェットスーツを用意してね！

大の力持ち

上腕二頭筋が動くしかけを体感しよう。筋肉をつくっているユニット（**サルコメア**）の強力なチームが力を合わせているんだ！ ものを持ち上げるとき、サルコメアの中にあるフックつきのひもどうしが、かみ合っていくのを見てみよう。

文中で太字になっていることばはくわしい解説が用語集（P78-79）にあるよ。

体はなにでできているの？
きみの体はいろんな部品でできていて、宇宙でいちばん複雑だ。材料は元素で、それがくっついて分子になり、分子から細胞ができる。さらに細胞がつながって組織ができ、組織から器官ができるんだ。
1 化学物質
きみは「歩く化学の実験セット」だ。体には60種類以上の元素が含まれている。そのうちおよそ99パーセントが、たった6つの元素からできている。元素どうしがくっついて、水のような単純な分子や、タンパク質のような複雑な分子ができる。
炭素（18%）
酸素（65%）
水素（10%）
チッ素（3%）
カルシウム（1.5%）
リン（1%）
その他（わずかな量の元素）（1.5%）
ミネラル
ミネラルのうち、カルシウムやリンは骨を強くする。鉄は、血液の中で酸素が運ばれるのを助ける。少ないけど、コバルトや銅なども大切だ。
炭水化物
炭水化物はきみの燃料だ。ブドウ糖などの、単糖類として血液の中を流れるものや、グリコーゲンとして、肝臓や筋肉の中にたくわえられるものがある。
水分
きみの60パーセント以上は水でできている。細胞や体液（血液やリンパ液）の中に、水分が含まれているんだ。
タンパク質
きみの体の20パーセントを占めている。細胞や組織の素材となるほか、メッセージを伝える役目をする（ホルモン）こともある。
気体
体内には酸素や二酸化炭素などの気体がある。体液に溶けこむものもあれば、肺や腸で気体のまま存在するものもある。
脂肪
脂肪には、体のはたらきに欠かせない「必須脂肪」と、エネルギー源としてたくわえられる「貯蔵脂肪」がある。脂肪は寒さを防ぐのにも役立つ。
2 細胞
分子が集まって、細胞というすごく小さな袋がつくられる。細胞の中は、それぞれが小さな社会になっていて、遺伝子（DNA）という命の設計図がしまってある。きみの体には30兆個もの細胞があるんだよ！

5 器官

別々の組織が集まって、心臓や肝臓、目といった器官がつくられる。

結合組織

結合組織は、きみの体の組織どうしをくっつけている「のり」。脂肪や骨から血液まで、くっつけるものもいろいろだ。どんな結合組織も、次の３つからできている。細胞、**コラーゲン**などの線維、そしてマトリックス（細胞や線維を支える物質）だ。

4 組織

細胞が集まってできたのが組織だ。多くの組織は、同じ種類の細胞だけでできている。皮膚などをつくる上皮組織は、3種類の細胞でできている。筋組織は、特別に長い細胞からできているおかげで、縮むことができる。

3 細胞分裂

きみの体は、もとは1つの細胞だった。大きくなるにつれ、どんどん細胞が分裂したんだ。細胞は、もともとは特別な役割をもたない幹細胞。それが、別々の役割をもつ細胞に分かれていく。こうして細胞は200種類以上にもなるんだ。脳にあるほんの小さな顆粒細胞や、脊髄からつま先まで伸びる神経細胞（**ニューロン**）など、大きさもいろいろだ。

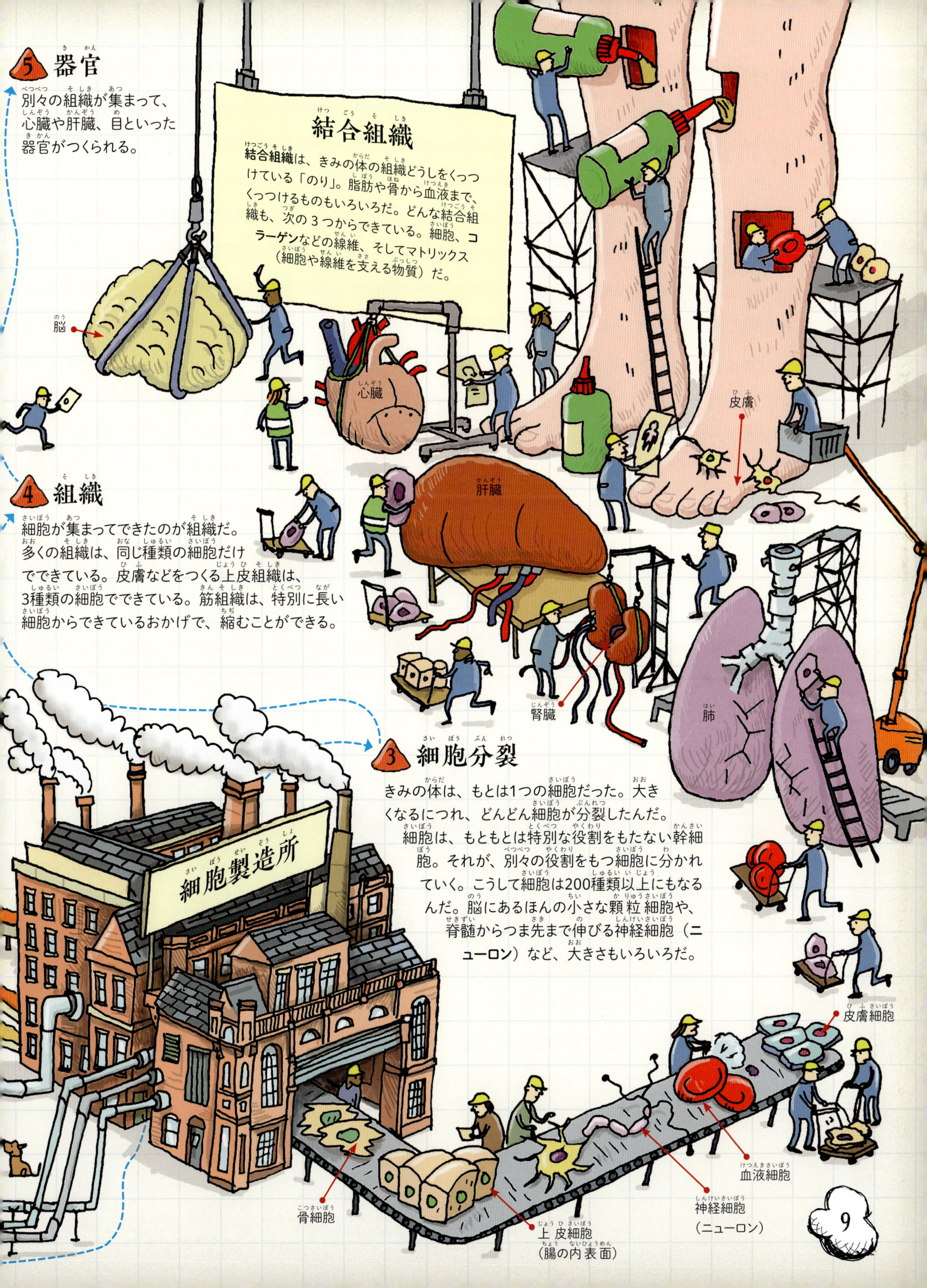

細胞の中はどうなっているの？

きみの体をつくる何十兆もの**細胞**は、高性能な顕微鏡じゃないと見られないくらい小さい。けれど細胞の中は、いつもいそがしい化学工場なんだ。

細胞という工場

どの細胞もうすい膜に包まれていて、必要な物質を通す出入口がついている。細胞の形は、微小管という細い管でできた「細胞骨格」によって保たれている。細胞の中には、「**細胞質**」というゼリーのような液体が入っている。そして、細胞質には、「細胞小器官」が浮かんでいて、それぞれの仕事をしている。

① 指令室

核は指令室。きみの体に欠かせないすべてのプログラムが、DNAという2本の鎖に保存されている。DNAはコンピュータのメモリのようなものだ。その中に、きみの体を組み立てるのに必要な、**タンパク質**のつくりかたが書かれている。

② 命令が送られる

細胞が問題なく動くために、少しのタンパク質が必要だ。DNAの、正しいタンパク質のつくりかたが書かれた部分が、DNAと形が似ている伝令ＲNAというメッセンジャーにコピーされる。コピーが送られるから、元のDNAがこわれたりすることはない。

③ 材料を取ってくる

伝令RNAは核の外に行くと、すぐに運搬RNAとチームを組む。運搬RNAは、急いで細胞の中にあるアミノ酸を集めにいく係だ。

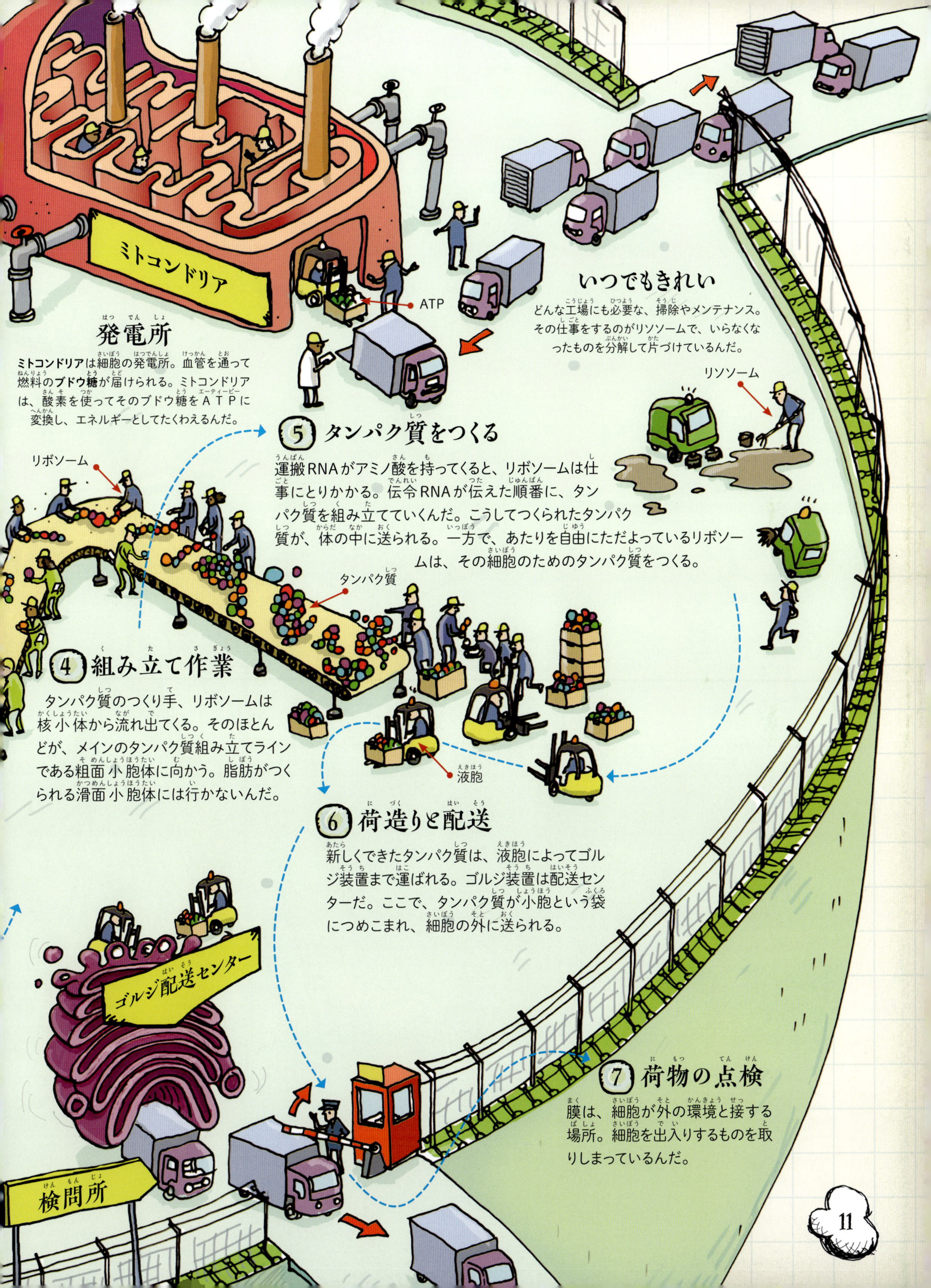
ミトコンドリア
ATP
発電所
ミトコンドリアは細胞の発電所。血管を通って燃料のブドウ糖が届けられる。ミトコンドリアは、酸素を使ってそのブドウ糖をＡＴＰに変換し、エネルギーとしてたくわえるんだ。
いつでもきれい
どんな工場にも必要な、掃除やメンテナンス。その仕事をするのがリソソームで、いらなくなったものを分解して片づけているんだ。
リソソーム
5 タンパク質をつくる
運搬RNAがアミノ酸を持ってくると、リボソームは仕事にとりかかる。伝令RNAが伝えた順番に、タンパク質を組み立てていくんだ。こうしてつくられたタンパク質が、体の中に送られる。一方で、あたりを自由にただよっているリボソームは、その細胞のためのタンパク質をつくる。
リボソーム
タンパク質
4 組み立て作業
タンパク質のつくり手、リボソームは核小体から流れ出てくる。そのほとんどが、メインのタンパク質組み立てラインである粗面小胞体に向かう。脂肪がつくられる滑面小胞体には行かないんだ。
液胞
6 荷造りと配送
新しくできたタンパク質は、液胞によってゴルジ装置まで運ばれる。ゴルジ装置は配送センターだ。ここで、タンパク質が小胞という袋につめこまれ、細胞の外に送られる。
ゴルジ配送センター
7 荷物の点検
膜は、細胞が外の環境と接する場所。細胞を出入りするものを取りしまっているんだ。
検問所

体のしくみはどうなっているの？

体の中にある何十兆もの**細胞**や、さまざまな臓器は、システム（系）の中で協力してはたらいている。骨格系のように全体におよぶしくみもあれば、**泌尿器系**（体内の水分量を調節する）など、一部分ではたらくものもある。

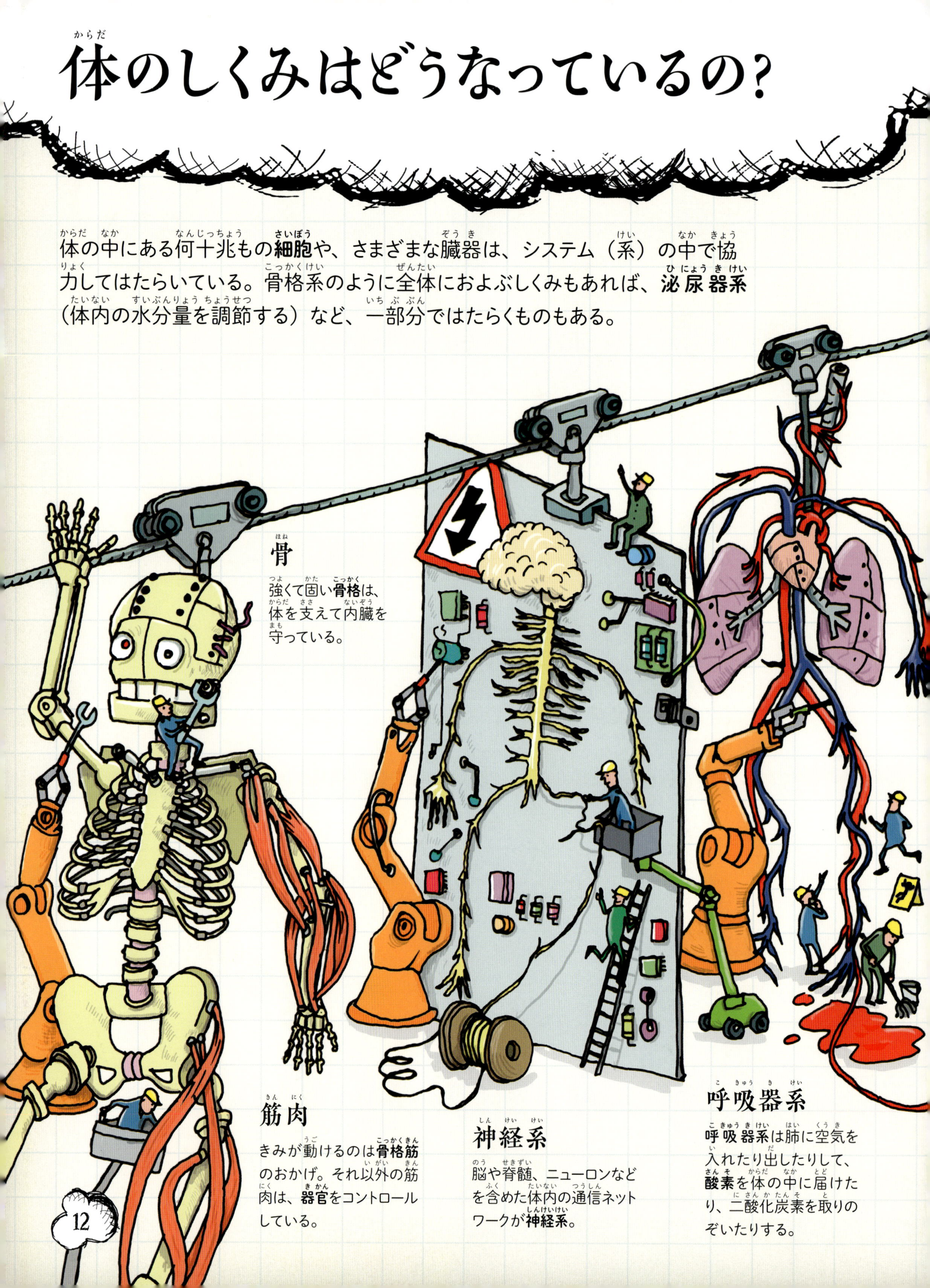

骨

強くて固い**骨格**は、体を支えて内臓を守っている。

筋肉

きみが動けるのは**骨格筋**のおかげ。それ以外の筋肉は、**器官**をコントロールしている。

神経系

脳や脊髄、ニューロンなどを含めた体内の通信ネットワークが**神経系**。

呼吸器系

呼吸器系は肺に空気を入れたり出したりして、**酸素**を体の中に届けたり、二酸化炭素を取りのぞいたりする。

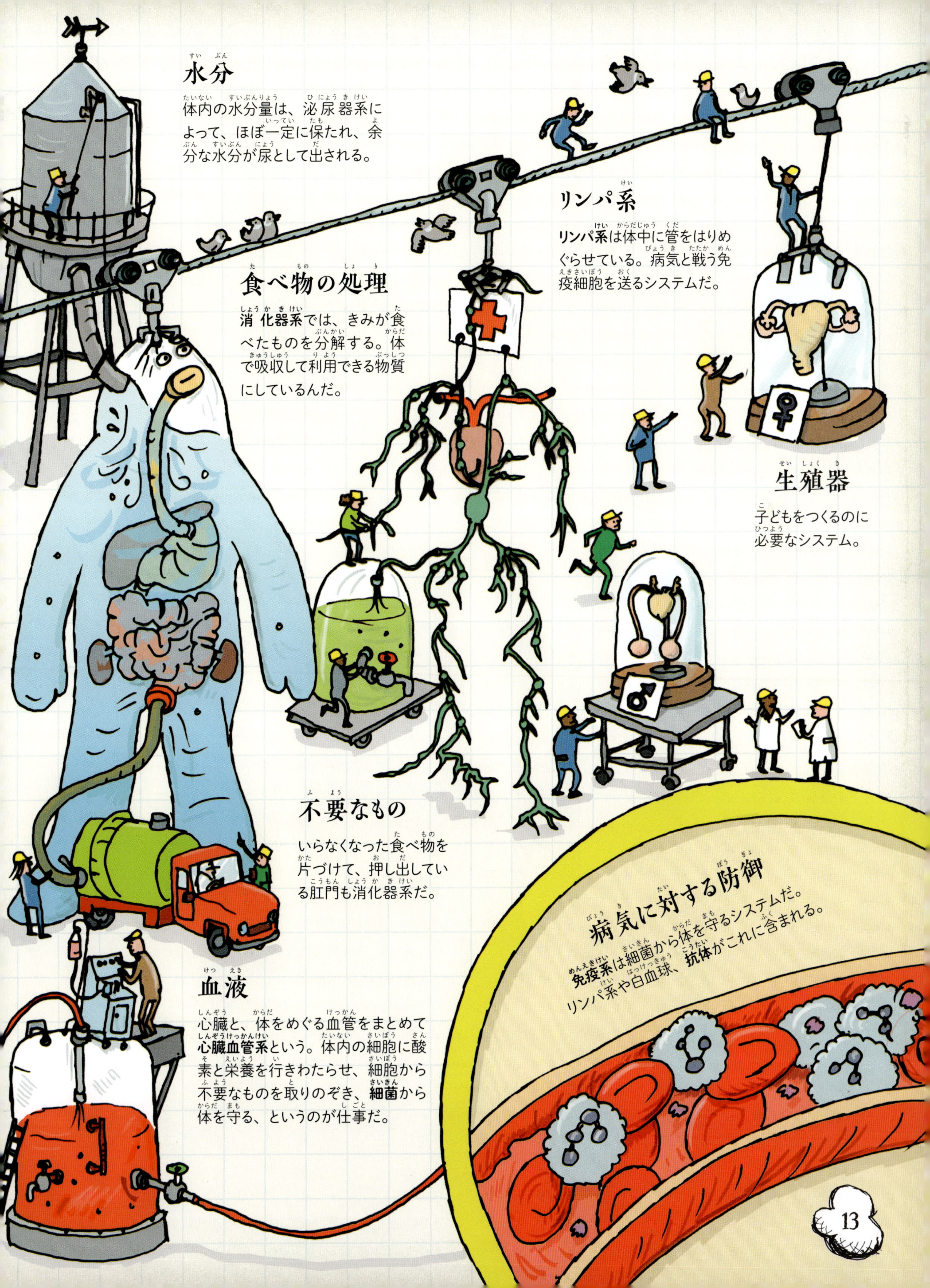

水分

体内の水分量は、泌尿器系によって、ほぼ一定に保たれ、余分な水分が尿として出される。

食べ物の処理

消化器系では、きみが食べたものを分解する。体で吸収して利用できる物質にしているんだ。

リンパ系

リンパ系は体中に管をはりめぐらせている。病気と戦う免疫細胞を送るシステムだ。

生殖器

子どもをつくるのに必要なシステム。

不要なもの

いらなくなった食べ物を片づけて、押し出している肛門も消化器系だ。

血液

心臓と、体をめぐる血管をまとめて**心臓血管系**という。体内の細胞に酸素と栄養を行きわたらせ、細胞から不要なものを取りのぞき、**細菌**から体を守る、というのが仕事だ。

病気に対する防御

免疫系は細菌から体を守るシステムだ。リンパ系や白血球、**抗体**がこれに含まれる。

どうやって呼吸しているの？

細胞がはたらくには、酸素が必要。酸素がないと細胞は死んでしまう。だから呼吸をして、空気中の酸素を取り込んでいるんだ。ほんの数分でも息が止まったら、きみは頭がぼんやりしてきて、じきに死んでしまうだろう。うれしいことに、きみの肺には、数秒ごとに大量の酸素を取り出す、すばらしいシステムがそなわっている。

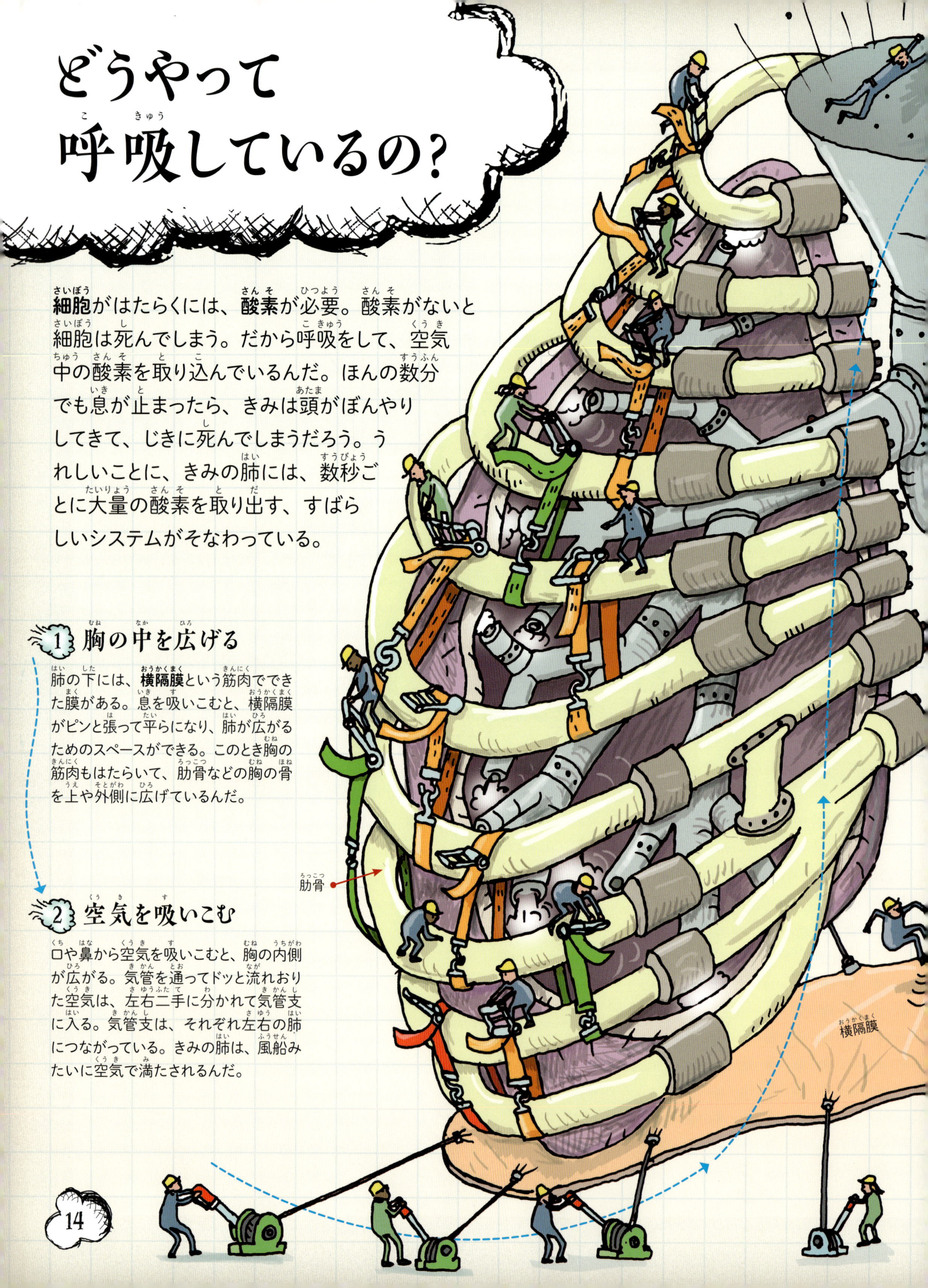

1 胸の中を広げる

肺の下には、**横隔膜**という筋肉でできた膜がある。息を吸いこむと、横隔膜がピンと張って平らになり、肺が広がるためのスペースができる。このとき胸の筋肉もはたらいて、肋骨などの胸の骨を上や外側に広げているんだ。

2 空気を吸いこむ

口や鼻から空気を吸いこむと、胸の内側が広がる。気管を通ってドッと流れおりた空気は、左右二手に分かれて気管支に入る。気管支は、それぞれ左右の肺につながっている。きみの肺は、風船みたいに空気で満たされるんだ。

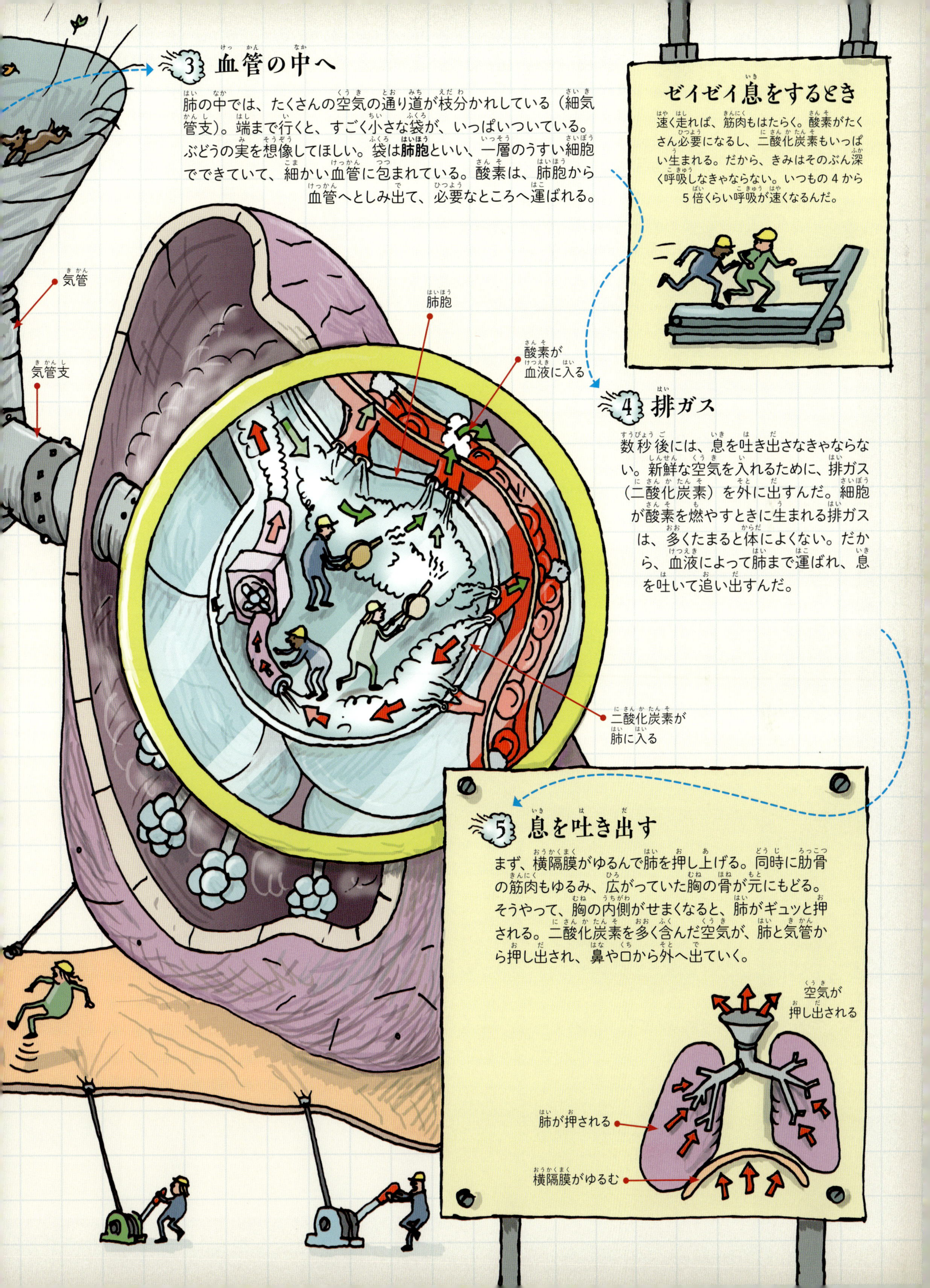
3 血管の中へ
肺の中では、たくさんの空気の通り道が枝分かれしている（細気管支）。端まで行くと、すごく小さな袋が、いっぱいついている。ぶどうの実を想像してほしい。袋は**肺胞**といい、一層のうすい細胞でできていて、細かい血管に包まれている。酸素は、肺胞から血管へとしみ出て、必要なところへ運ばれる。
ゼイゼイ息をするとき
速く走れば、筋肉もはたらく。酸素がたくさん必要になるし、二酸化炭素もいっぱい生まれる。だから、きみはそのぶん深く呼吸しなきゃならない。いつもの 4 から 5 倍くらい呼吸が速くなるんだ。
気管
気管支
肺胞
酸素が血液に入る
4 排ガス
数秒後には、息を吐き出さなきゃならない。新鮮な空気を入れるために、排ガス（二酸化炭素）を外に出すんだ。細胞が酸素を燃やすときに生まれる排ガスは、多くたまると体によくない。だから、血液によって肺まで運ばれ、息を吐いて追い出すんだ。
二酸化炭素が肺に入る
5 息を吐き出す
まず、横隔膜がゆるんで肺を押し上げる。同時に肋骨の筋肉もゆるみ、広がっていた胸の骨が元にもどる。そうやって、胸の内側がせまくなると、肺がギュッと押される。二酸化炭素を多く含んだ空気が、肺と気管から押し出され、鼻や口から外へ出ていく。
空気が押し出される
肺が押される
横隔膜がゆるむ

血はなぜ赤いの？

きみの血は、いろんなものを運んでいる。**酸素**や**栄養**は、血液が**細胞**まで届けている。不要なものを、肝臓や腎臓へ押し流すのも血液だし、感染したとき、急いで特別な細胞を届けてくれるのも血液だ。血液は体もあたためている！だから、具だくさんのシチューみたいなんだね！

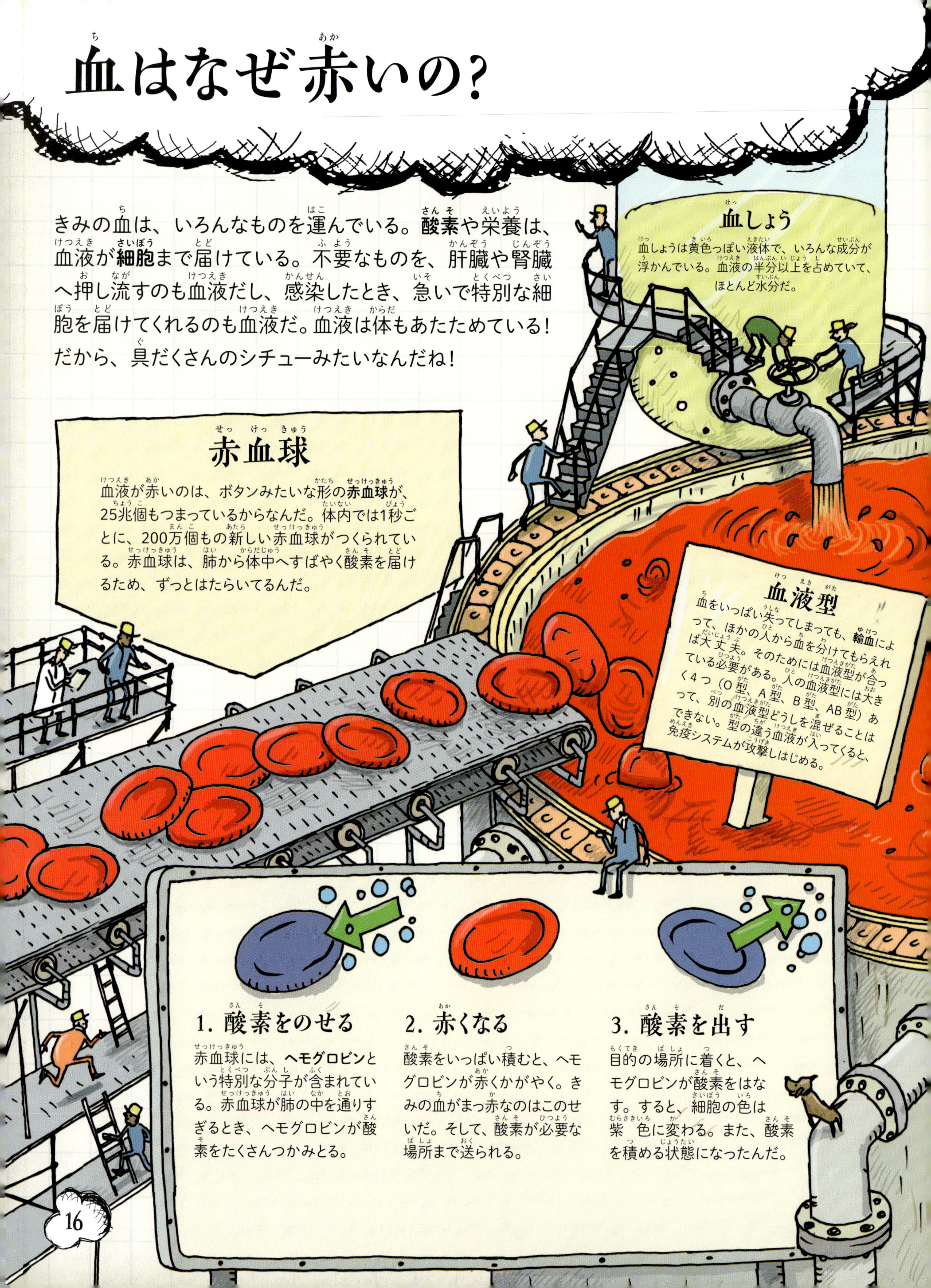

血しょう

血しょうは黄色っぽい液体で、いろんな成分が浮かんでいる。血液の半分以上を占めていて、ほとんど水分だ。

赤血球

血液が赤いのは、ボタンみたいな形の**赤血球**が、25兆個もつまっているからなんだ。体内では1秒ごとに、200万個もの新しい赤血球がつくられている。赤血球は、肺から体中へすばやく酸素を届けるため、ずっとはたらいてるんだ。

血液型

血をいっぱい失ってしまっても、**輸血**によって、ほかの人から血を分けてもらえれば大丈夫。そのためには血液型が合っている必要がある。人の血液型には大きく4つ（O型、A型、B型、AB型）あって、別の血液型どうしを混ぜることはできない。型の違う血液が入ってくると、免疫システムが攻撃しはじめる。

1. 酸素をのせる

赤血球には、**ヘモグロビン**という特別な分子が含まれている。赤血球が肺の中を通りすぎるとき、ヘモグロビンが酸素をたくさんつかみとる。

2. 赤くなる

酸素をいっぱい積むと、ヘモグロビンが赤くかがやく。きみの血がまっ赤なのはこのせいだ。そして、酸素が必要な場所まで送られる。

3. 酸素を出す

目的の場所に着くと、ヘモグロビンが酸素をはなす。すると、細胞の色は紫色に変わる。また、酸素を積める状態になったんだ。

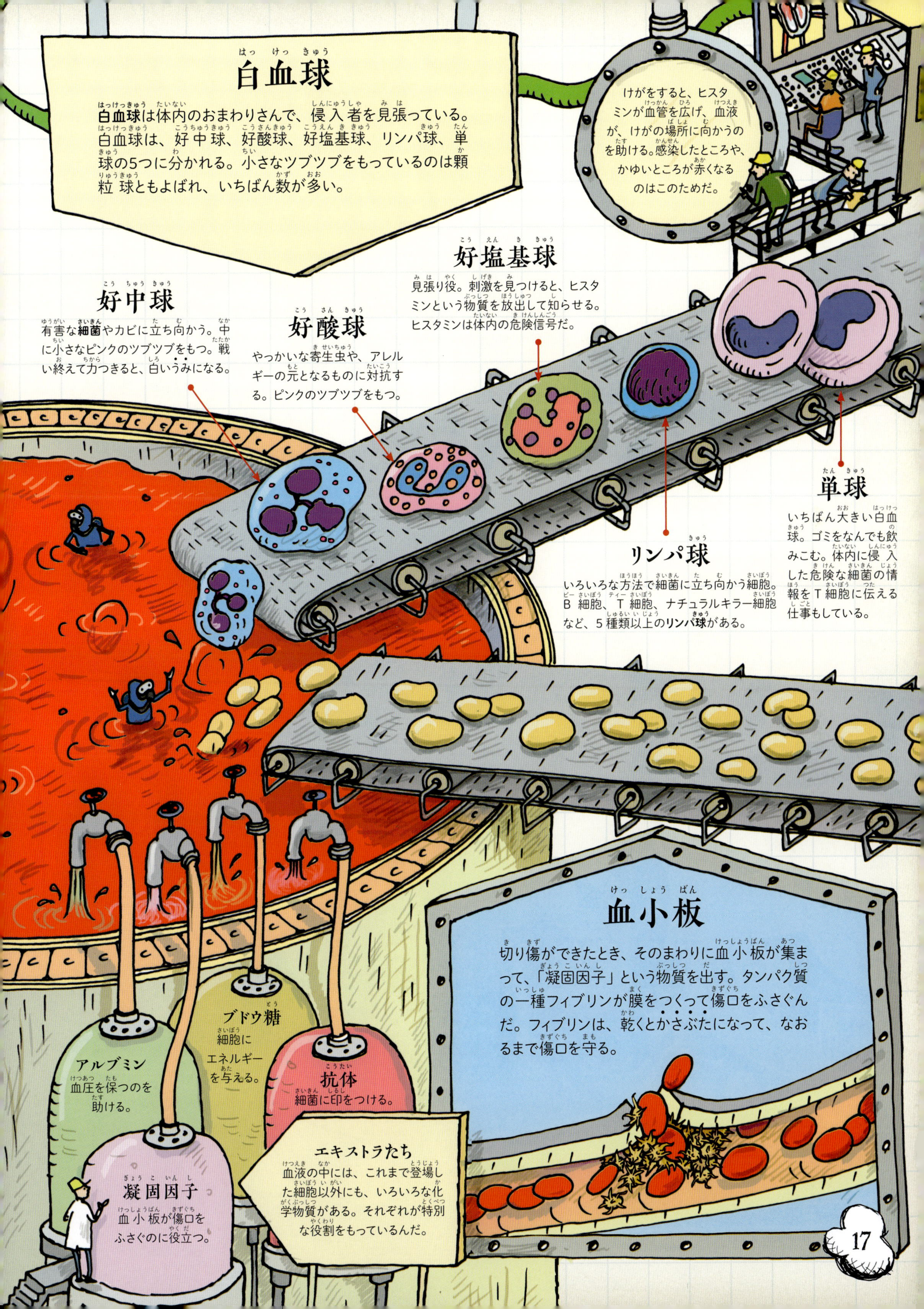

白血球
白血球は体内のおまわりさんで、侵入者を見張っている。白血球は、好中球、好酸球、好塩基球、リンパ球、単球の5つに分かれる。小さなツブツブをもっているのは顆粒球ともよばれ、いちばん数が多い。
けがをすると、ヒスタミンが血管を広げ、血液が、けがの場所に向かうのを助ける。感染したところや、かゆいところが赤くなるのはこのためだ。
好塩基球
見張り役。刺激を見つけると、ヒスタミンという物質を放出して知らせる。ヒスタミンは体内の危険信号だ。
好中球
有害な細菌やカビに立ち向かう。中に小さなピンクのツブツブをもつ。戦い終えて力つきると、白いうみになる。
好酸球
やっかいな寄生虫や、アレルギーの元となるものに対抗する。ピンクのツブツブをもつ。
単球
いちばん大きい白血球。ゴミをなんでも飲みこむ。体内に侵入した危険な細菌の情報をT細胞に伝える仕事もしている。
リンパ球
いろいろな方法で細菌に立ち向かう細胞。B細胞、T細胞、ナチュラルキラー細胞など、5種類以上のリンパ球がある。
血小板
切り傷ができたとき、そのまわりに血小板が集まって、「凝固因子」という物質を出す。タンパク質の一種フィブリンが膜をつくって傷口をふさぐんだ。フィブリンは、乾くとかさぶたになって、なおるまで傷口を守る。
ブドウ糖
細胞にエネルギーを与える。
アルブミン
血圧を保つのを助ける。
抗体
細菌に印をつける。
エキストラたち
血液の中には、これまで登場した細胞以外にも、いろいろな化学物質がある。それぞれが特別な役割をもっているんだ。
凝固因子
血小板が傷口をふさぐのに役立つ。

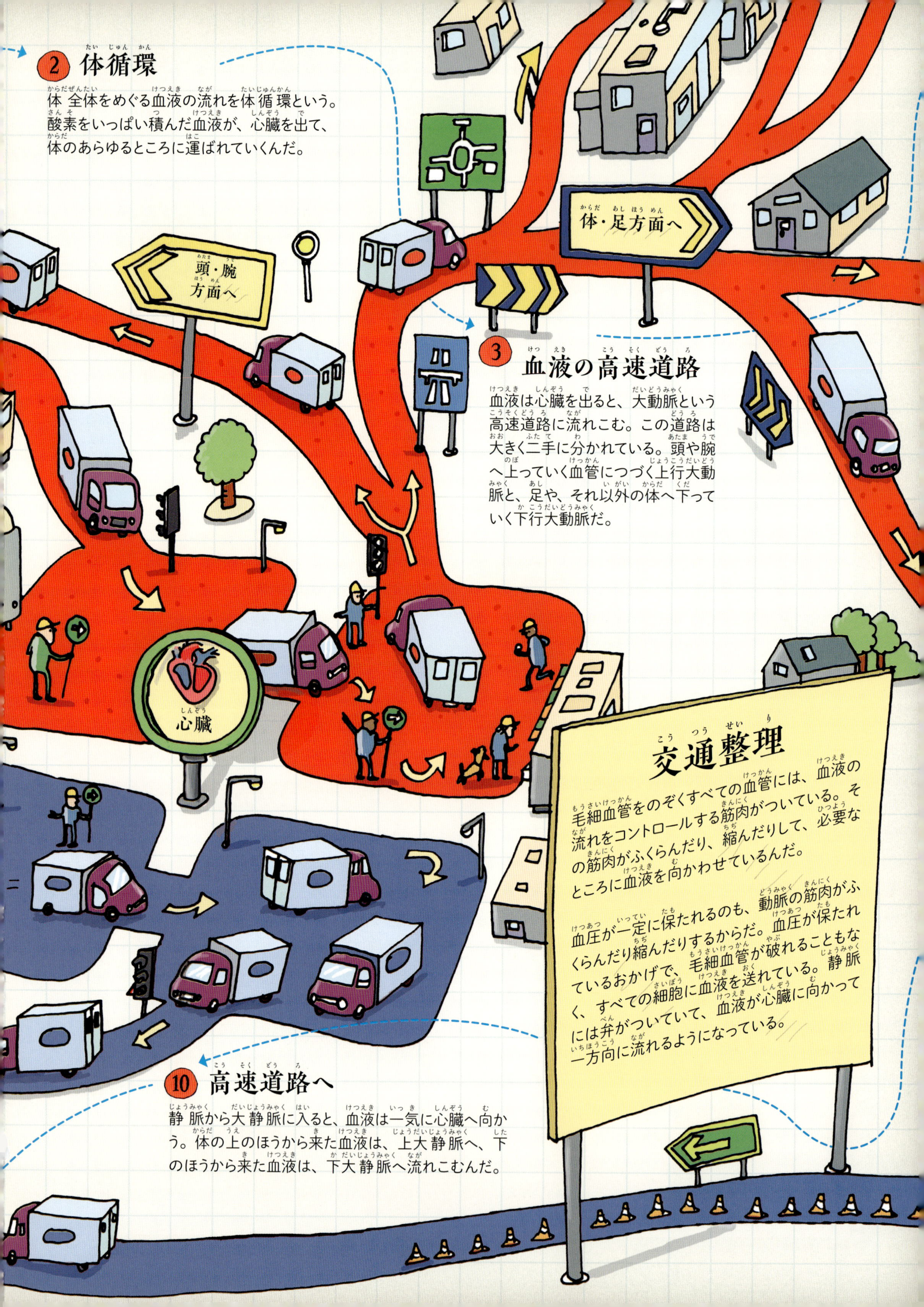

② 体循環

体全体をめぐる血液の流れを体循環という。酸素をいっぱい積んだ血液が、心臓を出て、体のあらゆるところに運ばれていくんだ。

③ 血液の高速道路

血液は心臓を出ると、大動脈という高速道路に流れこむ。この道路は大きく二手に分かれている。頭や腕へ上っていく血管につづく上行大動脈と、足や、それ以外の体へ下っていく下行大動脈だ。

交通整理

毛細血管をのぞくすべての血管には、血液の流れをコントロールする筋肉がついている。その筋肉がふくらんだり、縮んだりして、必要なところに血液を向かわせているんだ。

血圧が一定に保たれるのも、動脈の筋肉がふくらんだり縮んだりするからだ。血圧が保たれているおかげで、毛細血管が破れることもなく、すべての細胞に血液を送れている。静脈には弁がついていて、血液が心臓に向かって一方向に流れるようになっている。

⑩ 高速道路へ

静脈から大静脈に入ると、血液は一気に心臓へ向かう。体の上のほうから来た血液は、上大静脈へ、下のほうから来た血液は、下大静脈へ流れこむんだ。

血液はどこへ行くの？

体の細胞は、たえず酸素を必要としている。その細胞たちに酸素を与えるのが血液の仕事。血液は心臓から押し出されると、肺で酸素を積んで、血管のすみずみまで酸素を配ってまわる。そして、また酸素をもらいに肺にもどってくるんだ。

1 肺循環

心臓と肺の間の短い血管ネットワークを肺循環という。血液は肺で酸素をもらい、心臓に持ち帰ってくる。そのあと血液は、体中をめぐる体循環に入るんだ。

11 旅の終わり

全身を旅してきた血液は、2本の大静脈から心臓へと流れこむ。そして、血液はまた酸素をもらいに肺へ向かう準備に入る。ここまで、ぜんぶでたった90秒しかかからないんだ！

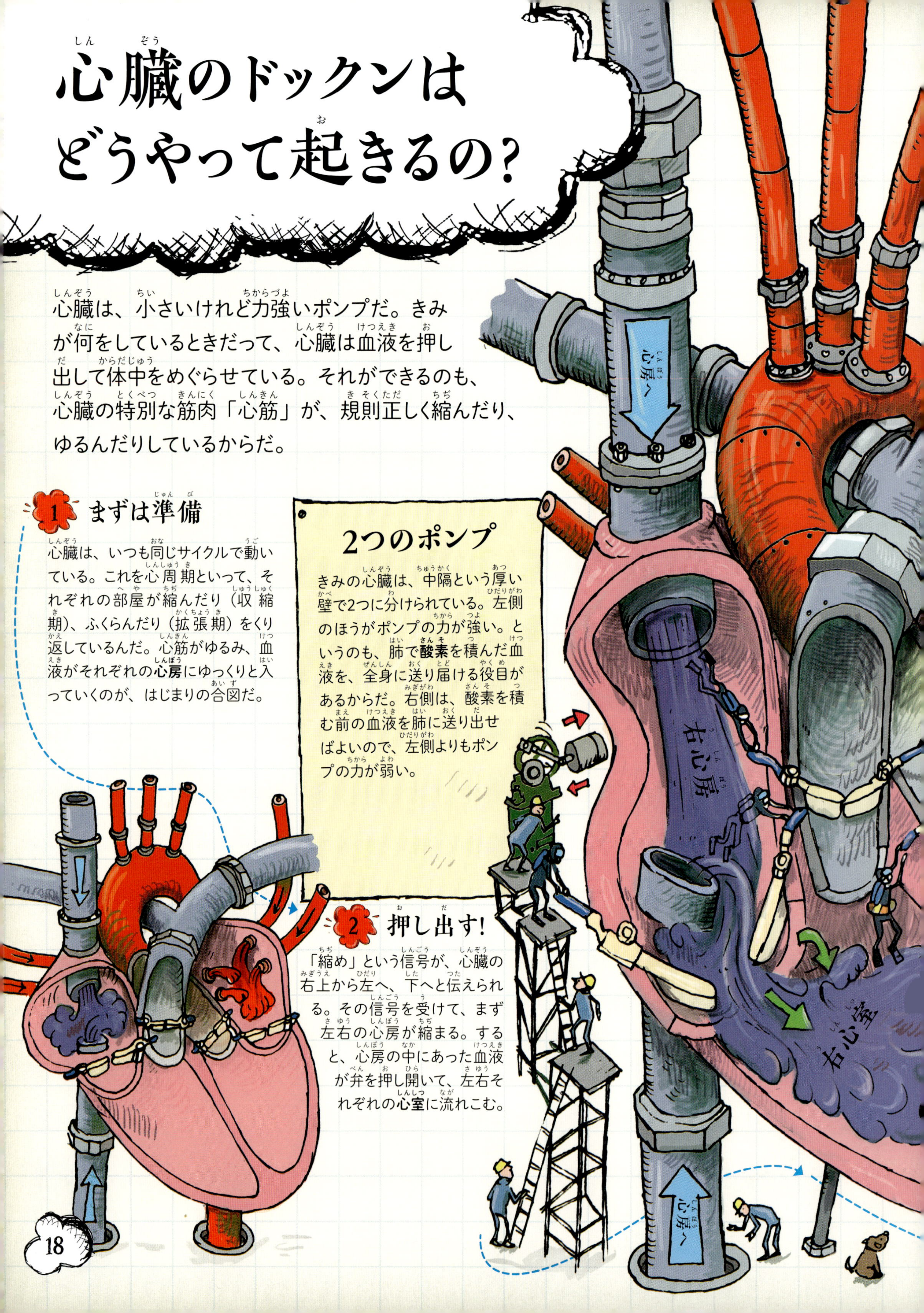

心臓のドックンはどうやって起きるの？

心臓は、小さいけれど力強いポンプだ。きみが何をしているときだって、心臓は血液を押し出して体中をめぐらせている。それができるのも、心臓の特別な筋肉「心筋」が、規則正しく縮んだり、ゆるんだりしているからだ。

1 まずは準備

心臓は、いつも同じサイクルで動いている。これを心周期といって、それぞれの部屋が縮んだり（収縮期）、ふくらんだり（拡張期）をくり返しているんだ。心筋がゆるみ、血液がそれぞれの**心房**にゆっくりと入っていくのが、はじまりの合図だ。

2つのポンプ

きみの心臓は、中隔という厚い壁で2つに分けられている。左側のほうがポンプの力が強い。というのも、肺で**酸素**を積んだ血液を、全身に送り届ける役目があるからだ。右側は、酸素を積む前の血液を肺に送り出せばよいので、左側よりもポンプの力が弱い。

2 押し出す！

「縮め」という信号が、心臓の右上から左へ、下へと伝えられる。その信号を受けて、まず左右の心房が縮まる。すると、心房の中にあった血液が弁を押し開いて、左右それぞれの**心室**に流れこむ。

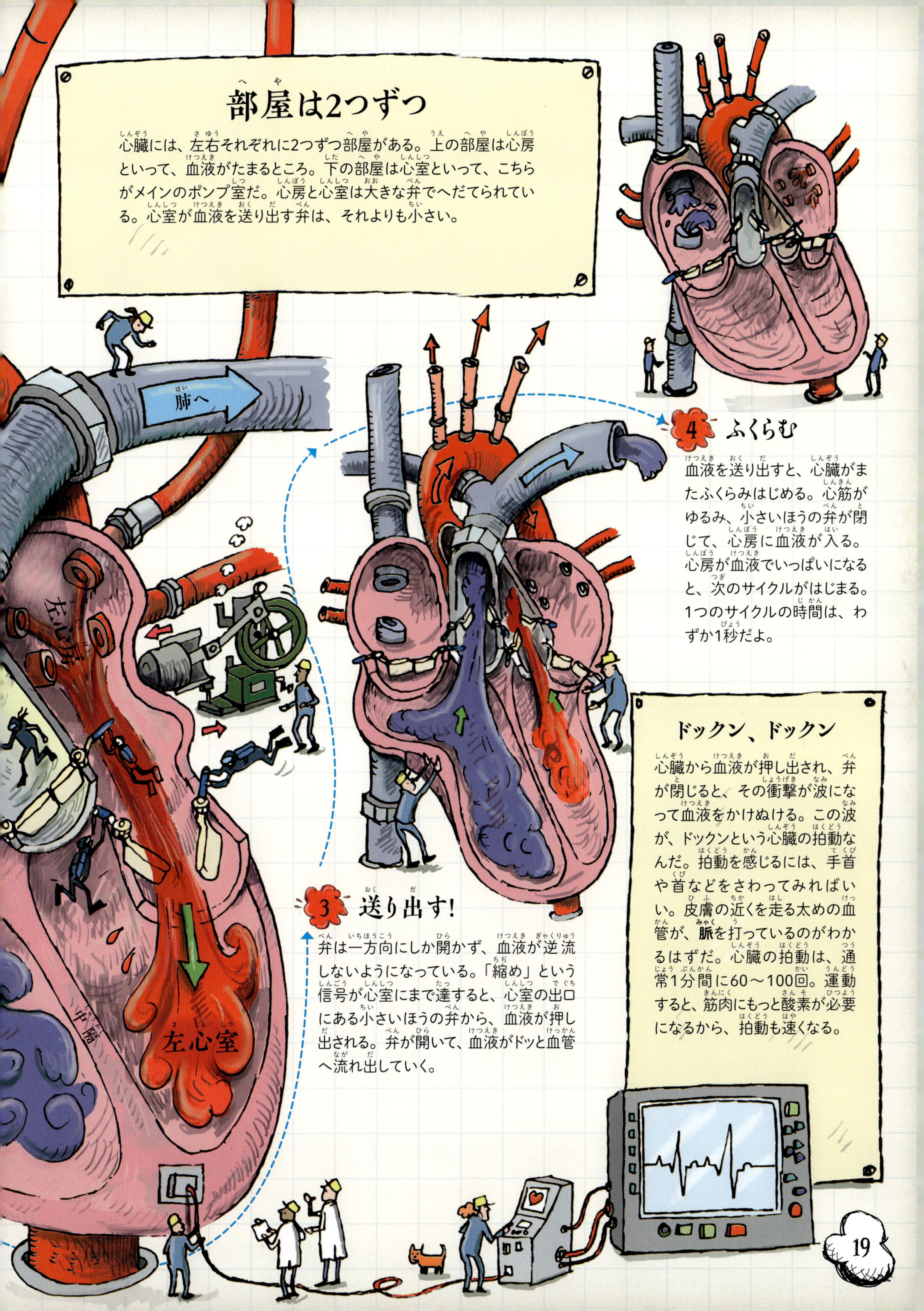

部屋は2つずつ

心臓には、左右それぞれに2つずつ部屋がある。上の部屋は心房といって、血液がたまるところ。下の部屋は心室といって、こちらがメインのポンプ室だ。心房と心室は大きな弁でへだてられている。心室が血液を送り出す弁は、それよりも小さい。

3 送り出す!

弁は一方向にしか開かず、血液が逆流しないようになっている。「縮め」という信号が心室にまで達すると、心室の出口にある小さいほうの弁から、血液が押し出される。弁が開いて、血液がドッと血管へ流れ出していく。

4 ふくらむ

血液を送り出すと、心臓がまたふくらみはじめる。心筋がゆるみ、小さいほうの弁が閉じて、心房に血液が入る。心房が血液でいっぱいになると、次のサイクルがはじまる。1つのサイクルの時間は、わずか1秒だよ。

ドックン、ドックン

心臓から血液が押し出され、弁が閉じると、その衝撃が波になって血液をかけぬける。この波が、ドックンという心臓の拍動なんだ。拍動を感じるには、手首や首などをさわってみればいい。皮膚の近くを走る太めの血管が、脈を打っているのがわかるはずだ。心臓の拍動は、通常1分間に60～100回。運動すると、筋肉にもっと酸素が必要になるから、拍動も速くなる。

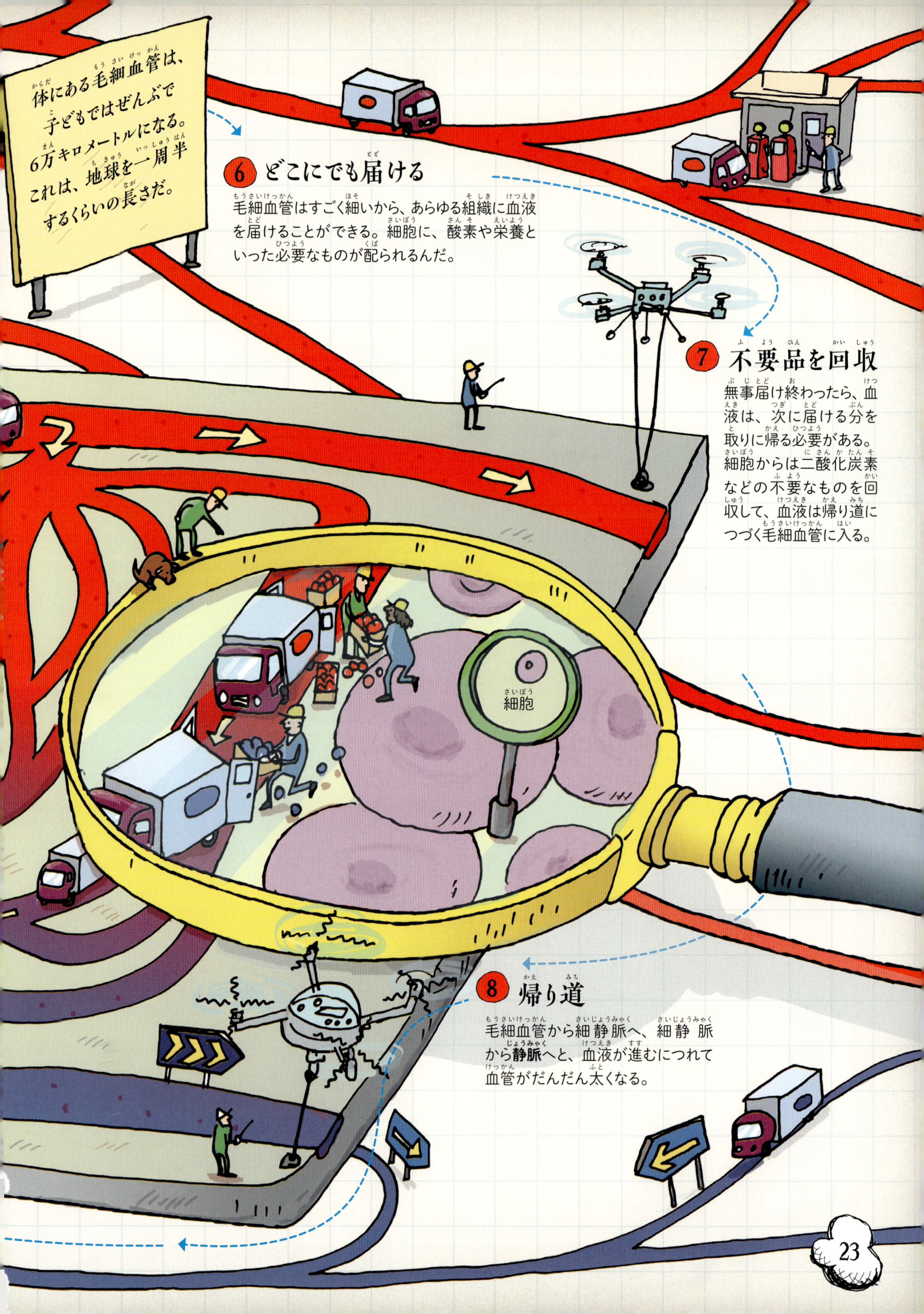
体にある毛細血管は、子どもではぜんぶで6万キロメートルになる。これは、地球を一周半するくらいの長さだ。
6 どこにでも届ける
毛細血管はすごく細いから、あらゆる組織に血液を届けることができる。細胞に、酸素や栄養といった必要なものが配られるんだ。
7 不要品を回収
無事届け終わったら、血液は、次に届ける分を取りに帰る必要がある。細胞からは二酸化炭素などの不要なものを回収して、血液は帰り道につづく毛細血管に入る。
細胞
8 帰り道
毛細血管から細静脈へ、細静脈から静脈へと、血液が進むにつれて血管がだんだん太くなる。

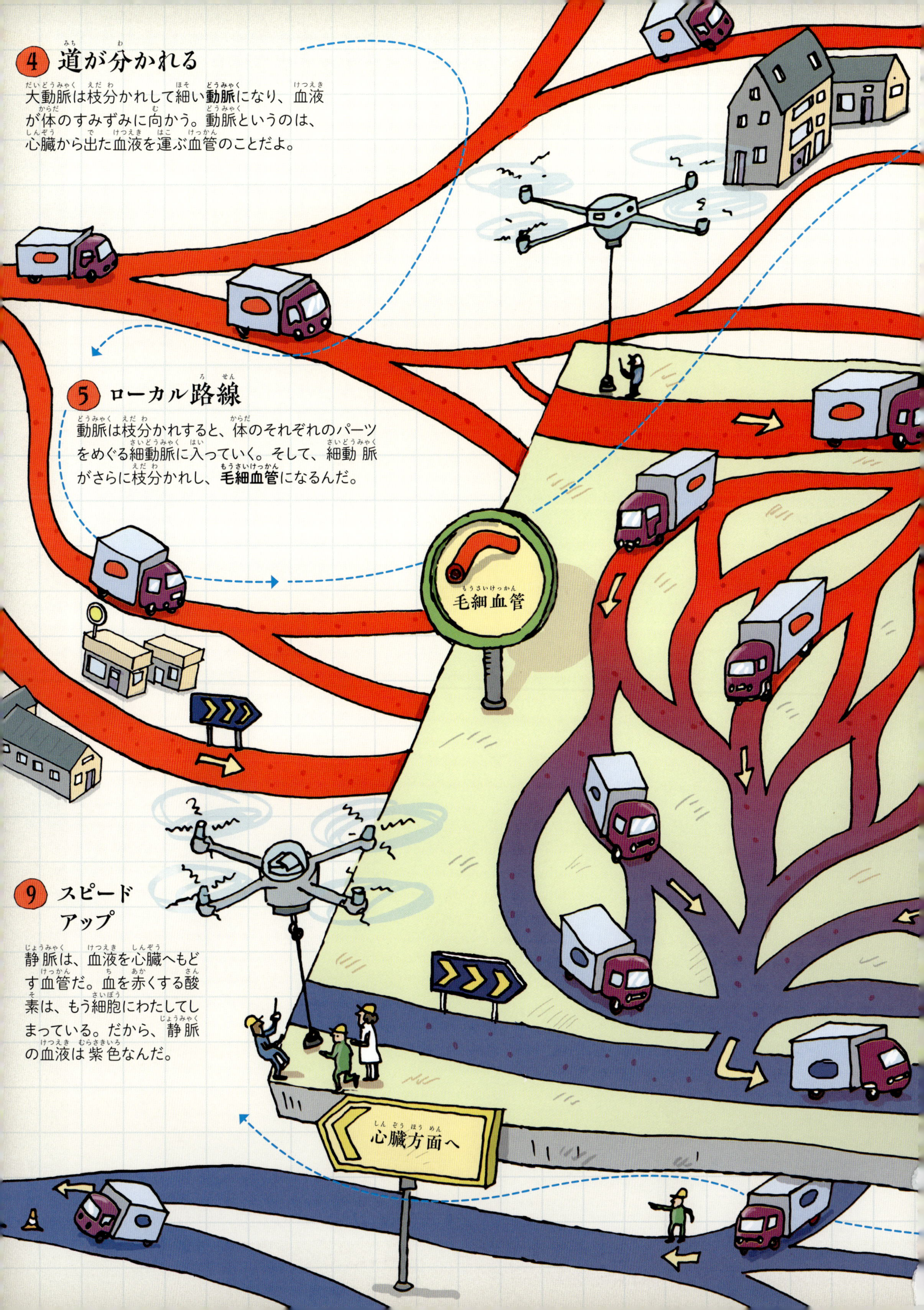

4 道が分かれる

大動脈は枝分かれして細い**動脈**になり、血液が体のすみずみに向かう。動脈というのは、心臓から出た血液を運ぶ血管のことだよ。

5 ローカル路線

動脈は枝分かれすると、体のそれぞれのパーツをめぐる細動脈に入っていく。そして、細動脈がさらに枝分かれし、**毛細血管**になるんだ。

9 スピードアップ

静脈は、血液を心臓へもどす血管だ。血を赤くする酸素は、もう細胞にわたしてしまっている。だから、静脈の血液は紫色なんだ。

体はどうやって動くの?

動くときはもちろん、じっと座っているときも筋肉を使うよ。筋肉がなかったら、よれよれのコートみたいにイスから落ちてしまう。筋肉は小さいけれど、力強いモーター。きみが動かしたいと思ったら、すぐに反応して、縮んだり伸びたりするんだ。

筋肉いろいろ

きみの体の筋肉は、大きく2つに分けられる。1つは、意識してコントロールできる「随意」筋。650種類以上もあり、骨をおおうようについているから「骨格」筋ともいう。きみが動こうと思ったときに使う筋肉だ。もう1つは、体の内側にある「不随意」筋。この筋肉は、心臓の拍動など、体の機能を自動的にコントロールしている。

不随意筋

体の中のほうにある内臓の筋肉は、ほとんどが自動ではたらいている。そのため、きみが意識しなくても体は動いている。ぐっすり眠っているときもね。

不随意筋には**平滑筋**と心筋の2種類がある。胃腸や血管などについているのは平滑筋。シート状の筋肉で、管や袋を形づくっている。心筋は、心臓を動かす筋肉だ。

呼吸に必要な筋肉

横隔膜はおなかの上あたりにある膜のような筋肉で、呼吸を助けている。体の内側にあるが、**骨格筋**の仲間だ。たいていは自動ではたらいているけれど、意識してコントロールすることもできる。

心筋はマラソン選手

心筋は、心臓を動かす特別な筋肉だ。横しまの筋肉（くわしくは下を見て）と平滑筋の組み合わせにより、丈夫なつくりになっている。1秒に1回以上縮み、休みなく心臓を動かしつづけているんだ。

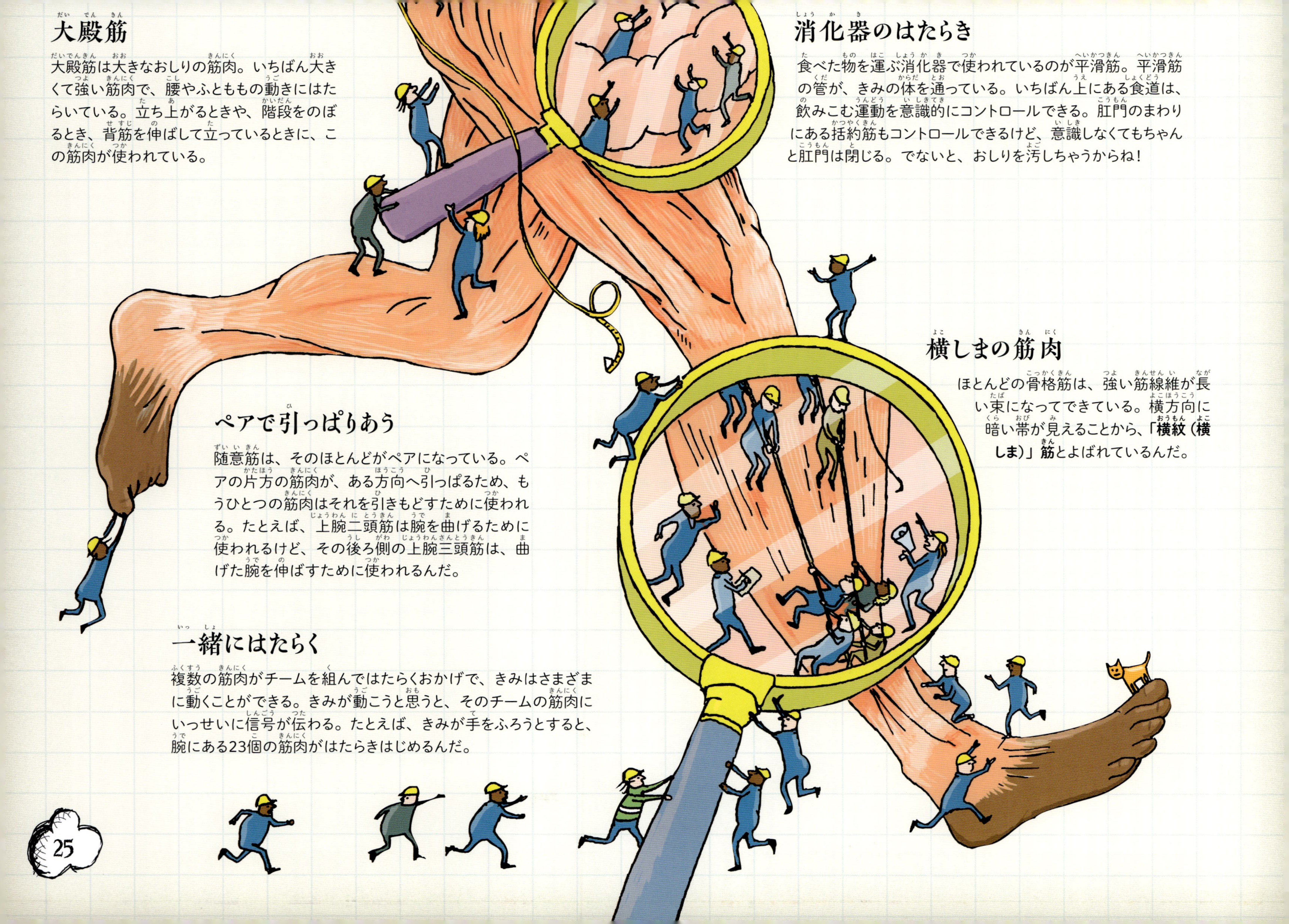

大殿筋

大殿筋は大きなおしりの筋肉。いちばん大きくて強い筋肉で、腰やふとももの動きにはたらいている。立ち上がるときや、階段をのぼるとき、背筋を伸ばして立っているときに、この筋肉が使われている。

消化器のはたらき

食べた物を運ぶ消化器で使われているのが平滑筋。平滑筋の管が、きみの体を通っている。いちばん上にある食道は、飲みこむ運動を意識的にコントロールできる。肛門のまわりにある括約筋もコントロールできるけど、意識しなくてもちゃんと肛門は閉じる。でないと、おしりを汚しちゃうからね！

横しまの筋肉

ほとんどの骨格筋は、強い筋線維が長い束になってできている。横方向に暗い帯が見えることから、**「横紋（横しま）」筋**とよばれているんだ。

ペアで引っぱりあう

随意筋は、そのほとんどがペアになっている。ペアの片方の筋肉が、ある方向へ引っぱるため、もうひとつの筋肉はそれを引きもどすために使われる。たとえば、上腕二頭筋は腕を曲げるために使われるけど、その後ろ側の上腕三頭筋は、曲げた腕を伸ばすために使われるんだ。

一緒にはたらく

複数の筋肉がチームを組んではたらくおかげで、きみはさまざまに動くことができる。きみが動こうと思うと、そのチームの筋肉にいっせいに信号が伝わる。たとえば、きみが手をふろうとすると、腕にある23個の筋肉がはたらきはじめるんだ。

筋肉はどうやってはたらくの?

筋肉は、筋線維という**細胞**がロープのように束になっている。この筋線維にできることはただひとつ、縮むことだけ。筋肉は両端が骨とくっついていて、縮むことで骨を引き寄せあう。きみのどんな動きも、筋肉が縮んで起こるんだ。

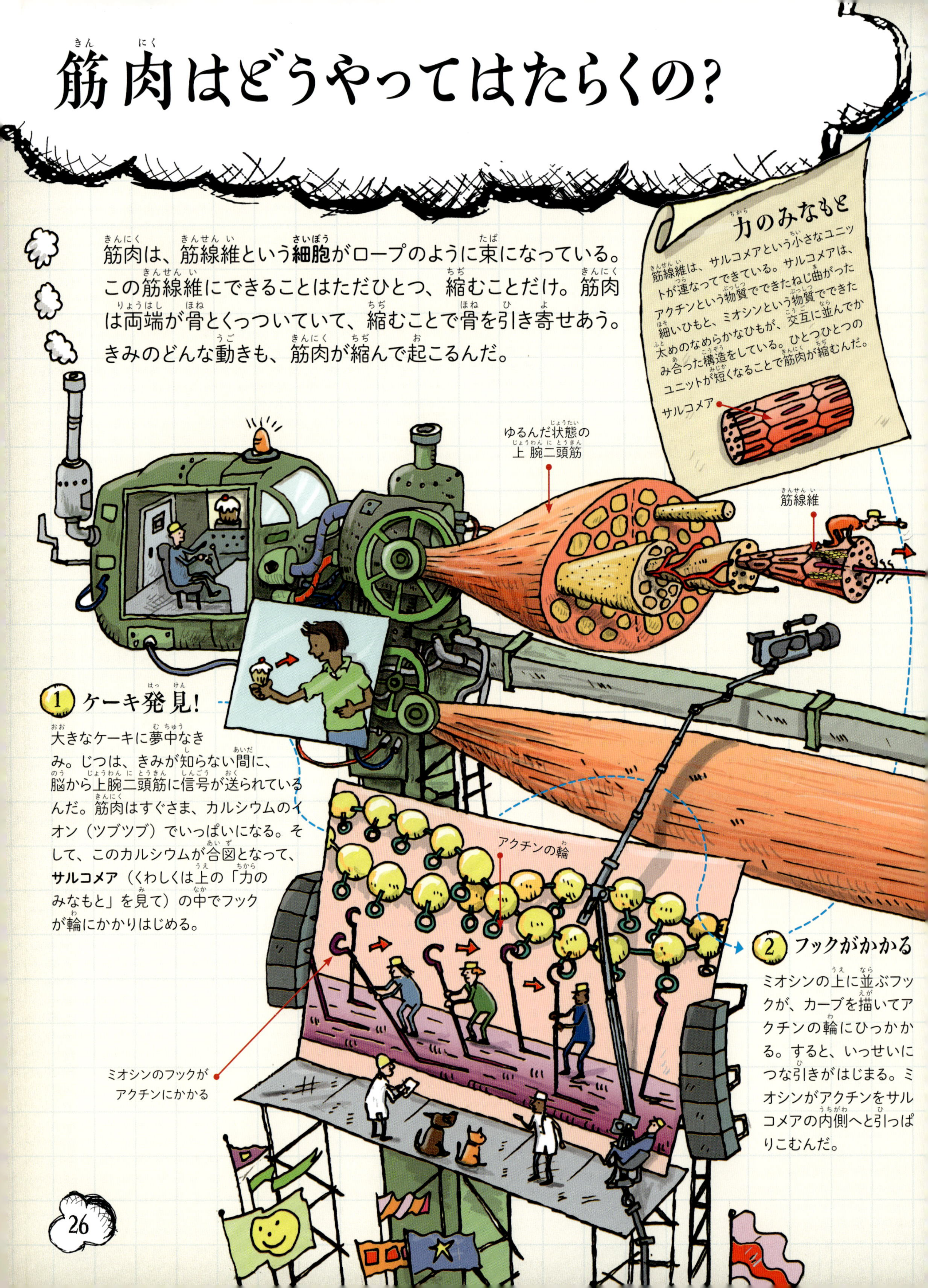

力のみなもと

筋線維は、サルコメアという小さなユニットが連なってできている。サルコメアは、アクチンという物質でできたねじ曲がった細いひもと、ミオシンという物質でできた太めのなめらかなひもが、交互に並んでかみ合った構造をしている。ひとつひとつのユニットが短くなることで筋肉が縮むんだ。

1 ケーキ発見!

大きなケーキに夢中なきみ。じつは、きみが知らない間に、脳から上腕二頭筋に信号が送られているんだ。筋肉はすぐさま、カルシウムのイオン(ツブツブ)でいっぱいになる。そして、このカルシウムが合図となって、**サルコメア**(くわしくは上の「力のみなもと」を見て)の中でフックが輪にかかりはじめる。

2 フックがかかる

ミオシンの上に並ぶフックが、カーブを描いてアクチンの輪にひっかかる。すると、いっせいにつな引きがはじまる。ミオシンがアクチンをサルコメアの内側へと引っぱりこむんだ。

③ フックからフックへ

フックのつな引きは少しの間。すぐに輪をとなりのフックに受けわたす。フックからフックへのリレーによって、アクチンはどんどん内側まで引っぱりこまれる。こうして、サルコメアは短くなるんだ。

④ 筋肉が縮まる

何千もあるサルコメアがいっせいに短くなることで、その筋肉全体がぐっと縮まる。それによって、下側の腕の骨についている腱（ケーブルのようなもの）が引っぱられる。すると、きみの腕は持ち上がりはじめ、ケーキが口もとへ運ばれる。

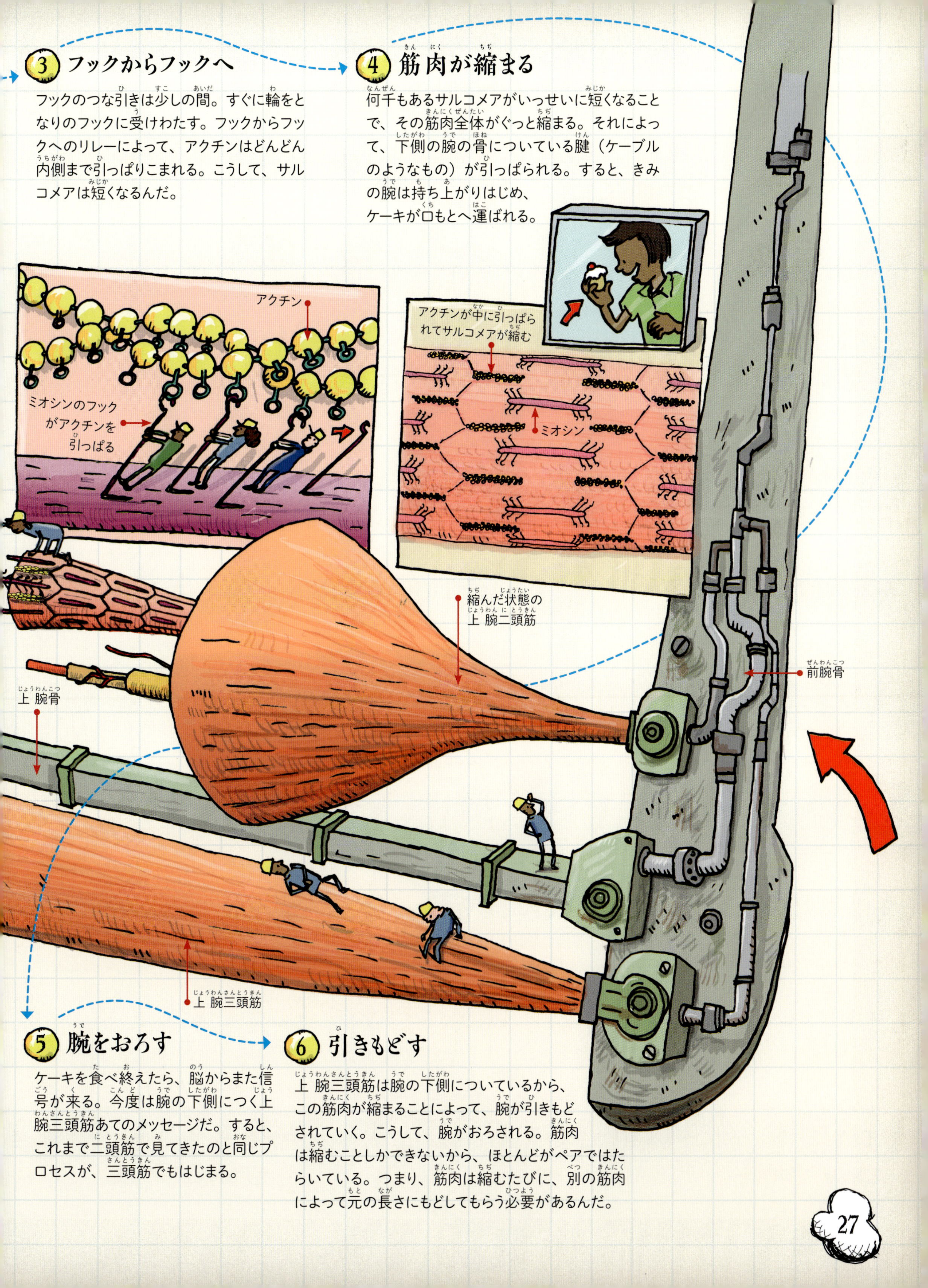

⑤ 腕をおろす

ケーキを食べ終えたら、脳からまた信号が来る。今度は腕の下側につく上腕三頭筋あてのメッセージだ。すると、これまで二頭筋で見てきたのと同じプロセスが、三頭筋でもはじまる。

⑥ 引きもどす

上腕三頭筋は腕の下側についているから、この筋肉が縮まることによって、腕が引きもどされていく。こうして、腕がおろされる。筋肉は縮むことしかできないから、ほとんどがペアではたらいている。つまり、筋肉は縮むたびに、別の筋肉によって元の長さにもどしてもらう必要があるんだ。

たくましい体になるには?

たいていの人は、そんなにいっぱい運動はしない。けれど、トップアスリートはきびしいトレーニングをすることで、健康的でたくましい体を手に入れている。アスリートは、走ったり、スポーツジムで毎日トレーニングをしたり、いっぱい運動する必要があるんだ。

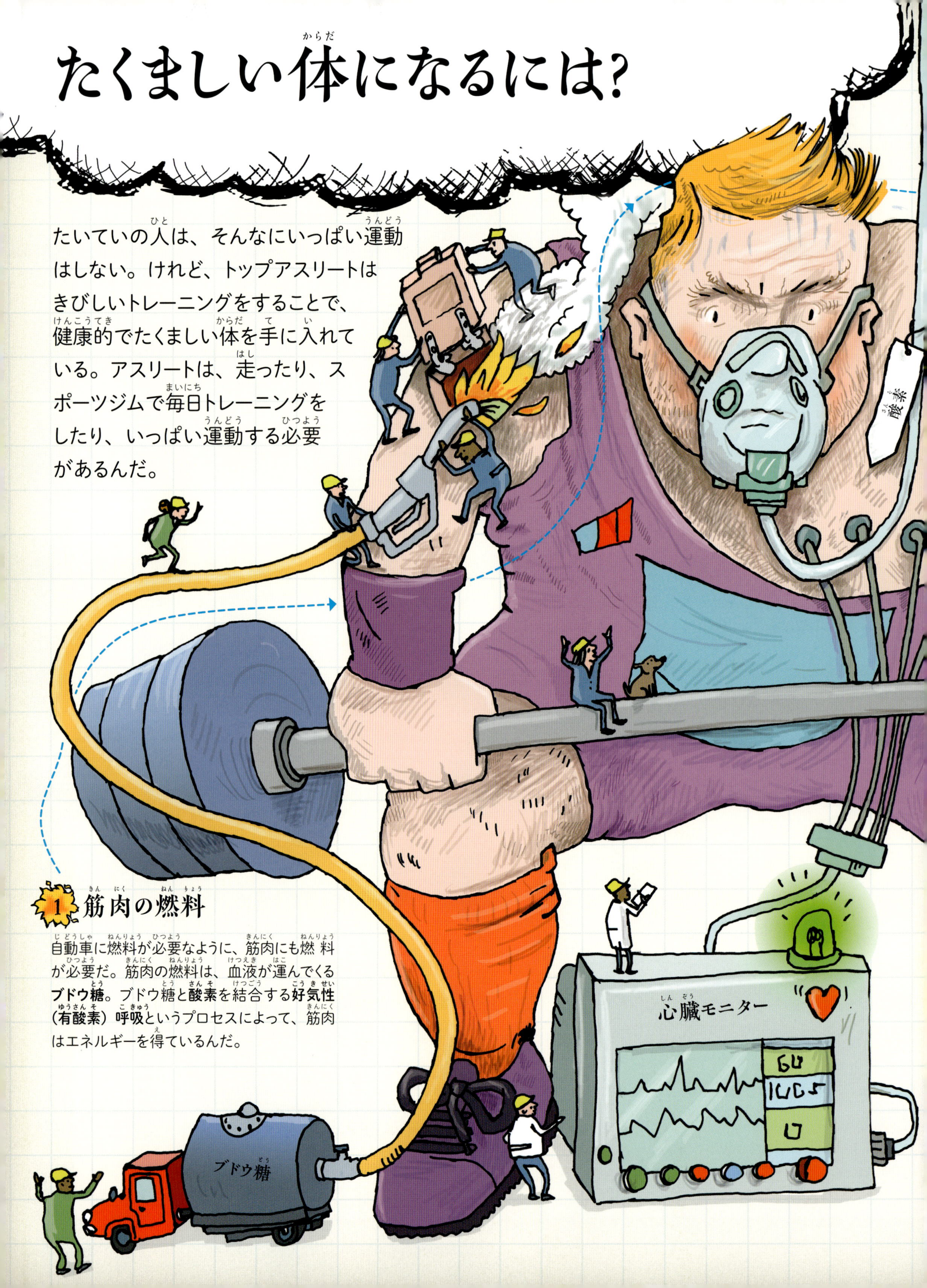

1 筋肉の燃料

自動車に燃料が必要なように、筋肉にも燃料が必要だ。筋肉の燃料は、血液が運んでくる**ブドウ糖**。ブドウ糖と**酸素**を結合する**好気性（有酸素）呼吸**というプロセスによって、筋肉はエネルギーを得ているんだ。

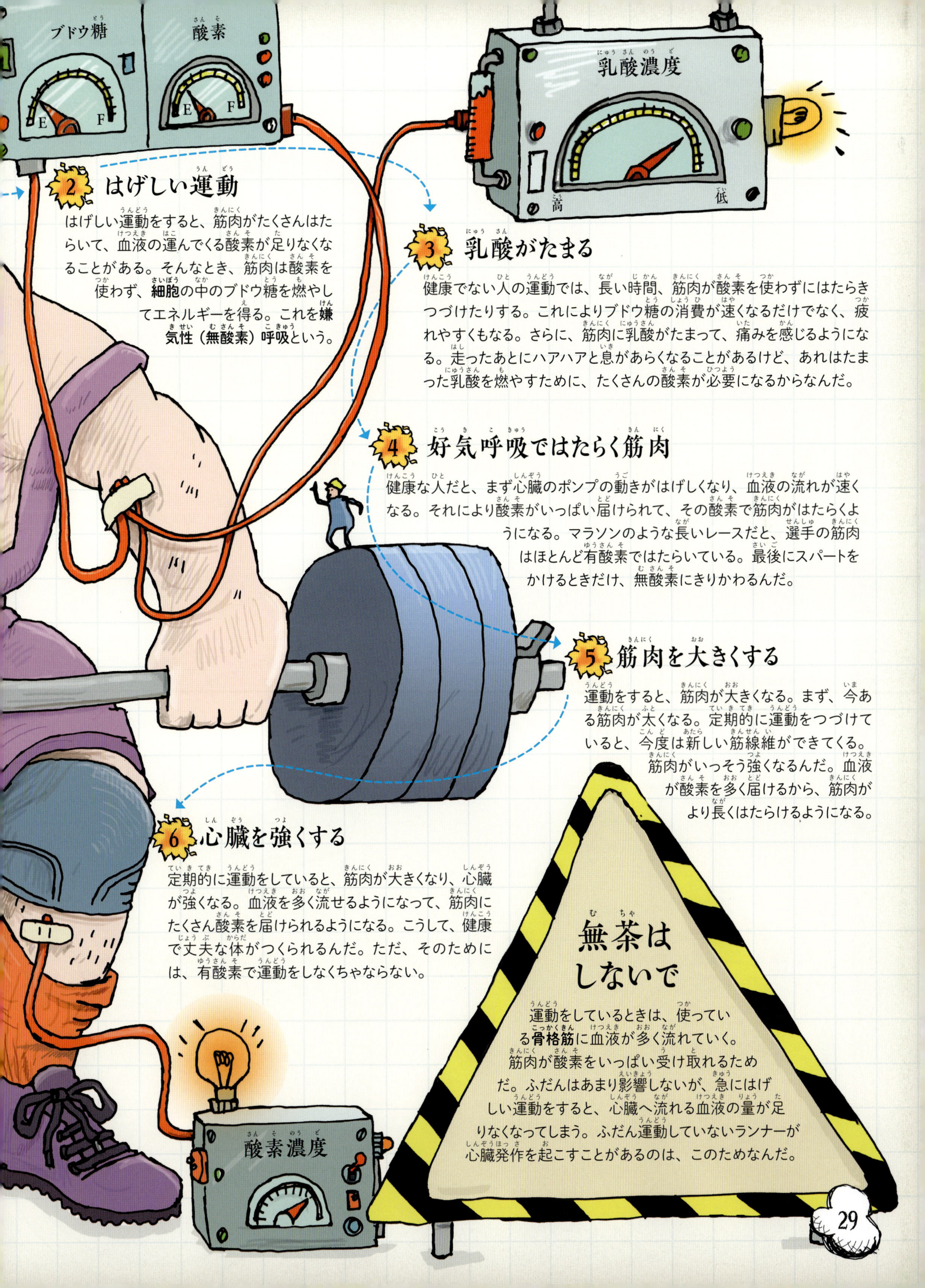

2 はげしい運動

はげしい運動をすると、筋肉がたくさんはたらいて、血液の運んでくる酸素が足りなくなることがある。そんなとき、筋肉は酸素を使わず、細胞の中のブドウ糖を燃やしてエネルギーを得る。これを**嫌気性（無酸素）呼吸**という。

3 乳酸がたまる

健康でない人の運動では、長い時間、筋肉が酸素を使わずにはたらきつづけたりする。これによりブドウ糖の消費が速くなるだけでなく、疲れやすくもなる。さらに、筋肉に乳酸がたまって、痛みを感じるようになる。走ったあとにハアハアと息があらくなることがあるけど、あれはたまった乳酸を燃やすために、たくさんの酸素が必要になるからなんだ。

4 好気呼吸ではたらく筋肉

健康な人だと、まず心臓のポンプの動きがはげしくなり、血液の流れが速くなる。それにより酸素がいっぱい届けられて、その酸素で筋肉がはたらくようになる。マラソンのような長いレースだと、選手の筋肉はほとんど有酸素ではたらいている。最後にスパートをかけるときだけ、無酸素にきりかわるんだ。

5 筋肉を大きくする

運動をすると、筋肉が大きくなる。まず、今ある筋肉が太くなる。定期的に運動をつづけていると、今度は新しい筋線維ができてくる。筋肉がいっそう強くなるんだ。血液が酸素を多く届けるから、筋肉がより長くはたらけるようになる。

6 心臓を強くする

定期的に運動をしていると、筋肉が大きくなり、心臓が強くなる。血液を多く流せるようになって、筋肉にたくさん酸素を届けられるようになる。こうして、健康で丈夫な体がつくられるんだ。ただ、そのためには、有酸素で運動をしなくちゃならない。

無茶はしないで

運動をしているときは、使っている**骨格筋**に血液が多く流れていく。筋肉が酸素をいっぱい受け取れるためだ。ふだんはあまり影響しないが、急にはげしい運動をすると、心臓へ流れる血液の量が足りなくなってしまう。ふだん運動していないランナーが心臓発作を起こすことがあるのは、このためなんだ。

どうやって話しているの？

自分がどうやって話しているかなんて、当たり前すぎて考えたことがないかもしれない。でも、話すことは人以外の動物にはできない。赤ちゃんだって、一からおぼえなきゃならない。オウムみたいに、声を出す器官が少し人と似ている鳥は、話すマネをする。けれど、自分で考えて話しているわけではないんだ。

1 シィーッ！

ふだん、のど（喉頭）にある声帯はゆるんでいて、声門は開いているので、息を吐き出すときに肺から出てくる空気は楽に通る。このときは、音が出ない。ただ、呼吸器の病気がある人だと、ゼイゼイという音がすることがある。これは、病気によって空気の通り道がせまくなっているからだ。

2 アァー！

声を出すには、声帯をふるわせる。話したり歌ったりするときは、声帯がピンとはって、声門がほんのちょっとだけ開かれる。肺から出てくる空気がこのすき間を通るとき声帯がふるえ、ブーンという音が出る。

3 オォー！

のどにある声帯から出た音は、鼻や口の後ろに広がる咽頭というスペースを上っていく。話したり歌ったりするときは、ここを広げて音をひびかせているんだ。

シューシュー

舌の先と前歯ですき間をつくって、スーッと息を通すと、S（サ行）の音が出る。

ことばの製作所

声帯が元になる音をつくり、口や唇、舌がそれをひとつひとつの文字に仕上げる。けれど、どんな文字を声に出すか決めるのは脳だ。脳がメッセージを送り、動きをコントロールする。こうして、文字からことばを、ことばから文を組み立てていく。音を組み立ててことばにしているのは、脳の前のほうにあるブローカ野という場所だ。

音に形を与える

「オォー！」だけじゃ、話しているとはいえない。喉を使って出せるのはアイウエオ（A、I、U、E、O）の母音だけだ。別の文字を発音するときは、ブツブツ切れる音（子音）を出す必要がある。そのために唇、口、舌、鼻を使って音を変えているんだ。これを調音という。

鼻音

鼻から息を通すことで、mやnの音を出せる。

いったんブロック！

p、t、kや、b、d、gなどの子音を出すには、いったん音をブロックしてから、一気に飛び出させる。これを破裂音というんだ。

摩擦音

fやth、vやzは、空気がこすれて出る音だ。たとえばvの音は、上の歯を下唇にあてて空気の通り道をせまくして出す。（日本語にはない音です）

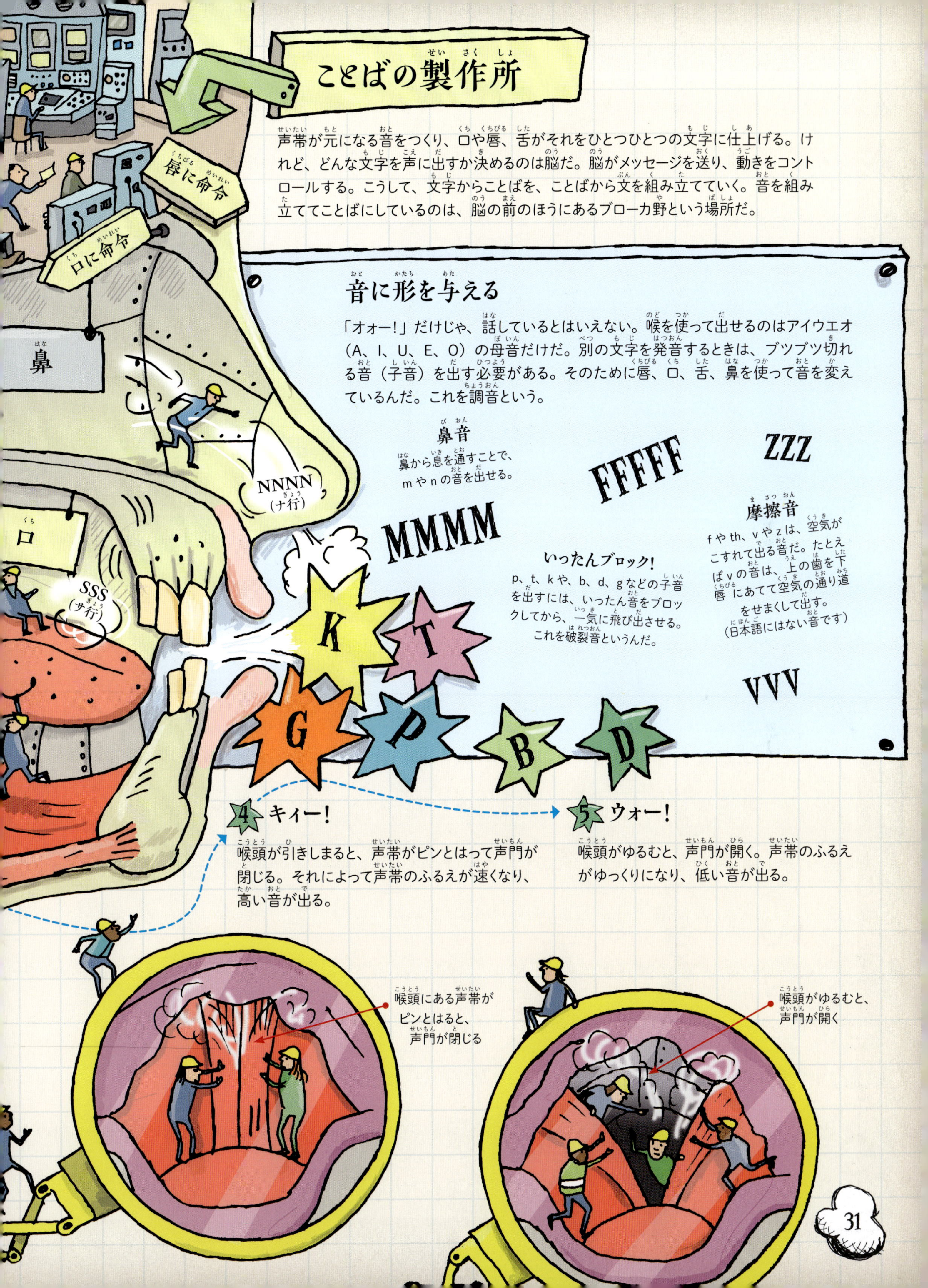

4 キィー！

喉頭が引きしまると、声帯がピンとはって声門が閉じる。それによって声帯のふるえが速くなり、高い音が出る。

5 ウォー！

喉頭がゆるむと、声門が開く。声帯のふるえがゆっくりになり、低い音が出る。

体の外側はどうなっているの？

皮膚は、きみの体の外側を包む、体の中でいちばん大きな**器官**だ。水も通さなければ、**細菌**も入らせない。寒さから体を守り、暑いときは熱を逃がす。外の世界に触れて、どうなっているかを感じとる。また、日光を浴びることで、ビタミンDをつくることもできる。厚さはわずか2ミリメートルだけど、中は何層にも分かれているんだ。

1 はがれ落ちる皮膚

表皮のいちばん外側の層は、ケラチン（角質）で満たされた**細胞**でできていて、ほとんどが死んでいる。この細胞は丈夫な、使い捨ての細胞。というのも、皮膚はその機能を保つために、たえず生まれ変わっているからだ。下の層では、いつも新しい細胞が生まれ、表面に向かって押し上げられている。そうして表面まで来ると、死んだ平らな細胞になって、ケラチンという丈夫な素材になる。死んだ細胞は、1分間に4万個以上がはがれ落ちている。生きている間に、50キログラム以上もはがれ落ちるんだよ！

2 皮膚を丈夫にする：顆粒層

細胞は顆粒層まで上がってくると、核を失って、中にツブツブが見られるようになる。細胞は死にはじめるとともに、丈夫なケラチンの線維で満たされていく。この過程を角質化というんだ。

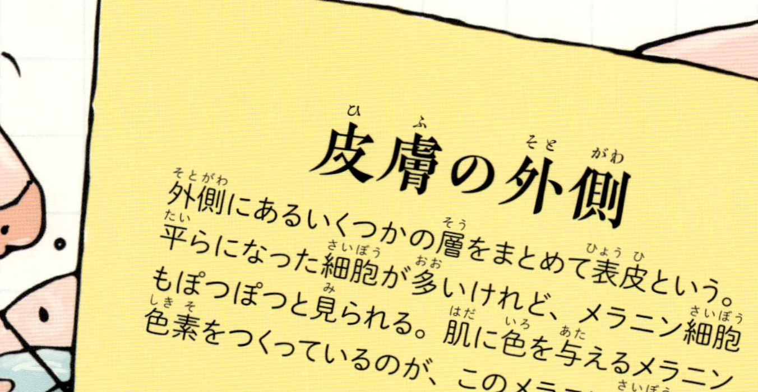

皮膚の外側

外側にあるいくつかの層をまとめて表皮という。平らになった細胞が多いけれど、メラニン細胞もぽつぽつと見られる。肌に色を与えるメラニン色素をつくっているのが、このメラニン細胞だ。

骨って、どんなもの？

「建物を支えるのは骨組みだ」なんていうけれど、骨はまさに体を支えているものだ。中が空洞だから、骨はとても軽い。けれど、硬いミネラル成分や、しなやかな線維でできていて強く、枯れ枝みたいにポキッと折れたりしない。骨の組織はコンクリートの4倍の強さがあるんだ。

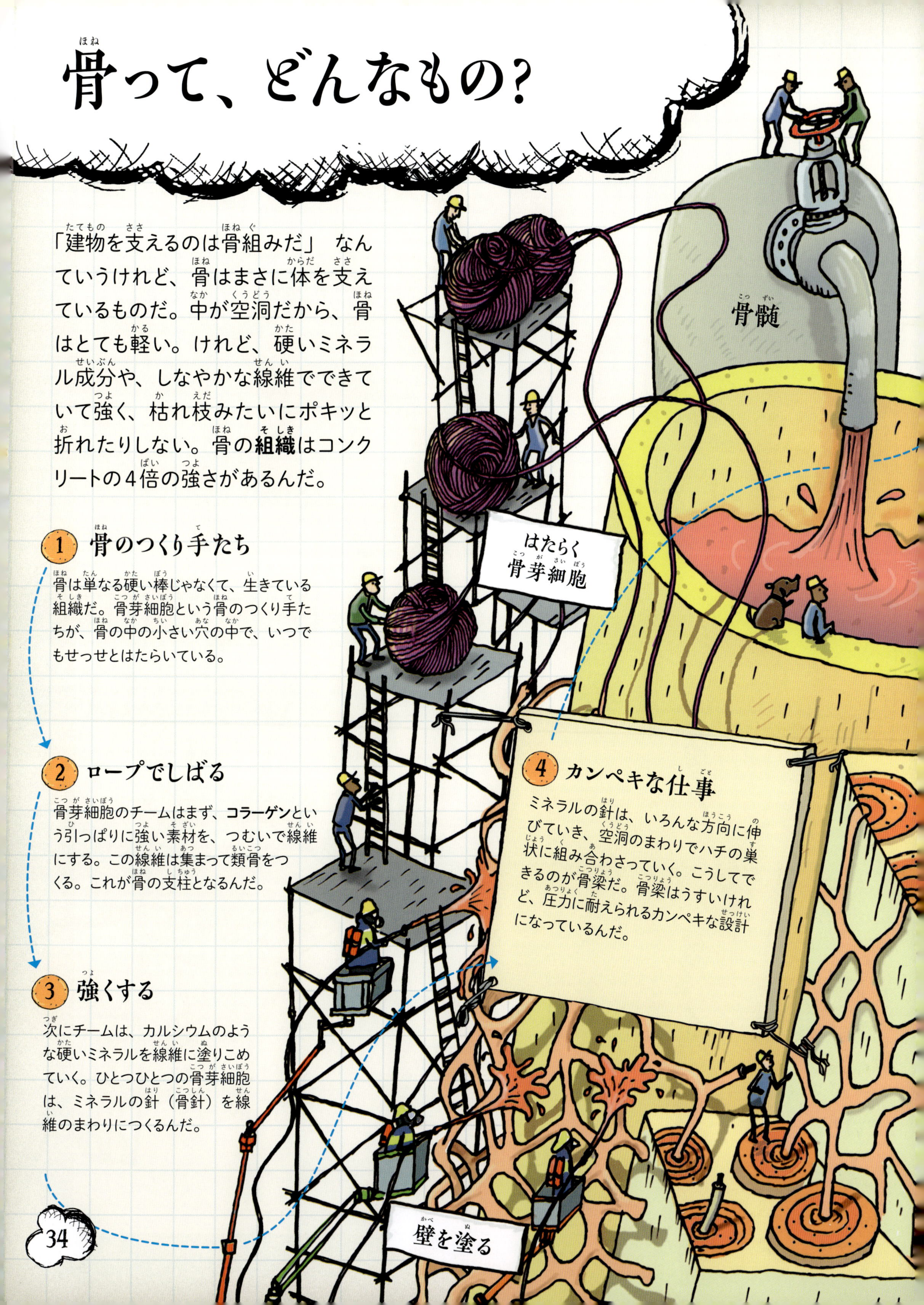

① 骨のつくり手たち

骨は単なる硬い棒じゃなくて、生きている組織だ。骨芽細胞という骨のつくり手たちが、骨の中の小さい穴の中で、いつでもせっせとはたらいている。

② ロープでしばる

骨芽細胞のチームはまず、**コラーゲン**という引っぱりに強い素材を、つむいで線維にする。この線維は集まって類骨をつくる。これが骨の支柱となるんだ。

③ 強くする

次にチームは、カルシウムのような硬いミネラルを線維に塗りこめていく。ひとつひとつの骨芽細胞は、ミネラルの針（骨針）を線維のまわりにつくるんだ。

④ カンペキな仕事

ミネラルの針は、いろんな方向に伸びていき、空洞のまわりでハチの巣状に組み合わさっていく。こうしてできるのが骨梁だ。骨梁はうすいけれど、圧力に耐えられるカンペキな設計になっているんだ。

体をまとめているもの

骨が組み合わさると**骨格**になる。きみの体をひとつにまとめているのは骨格なんだ。ほかにも骨は、筋肉が体を動かすときの支点になる。また、皮膚などの**組織**を支え、心臓や脳などの**器官**を守っている。骨の数は200個以上。骨どうしは、ゴムのような**軟骨**がクッションとなり、じん帯という組織がつなぎ合わせているんだ。

中軸骨格

上半身のまん中にある骨格で、頭蓋骨、脊椎、胸郭からなる。大人だと、その骨の数は80個以上にもなる。

付属肢骨格

中軸骨格をのぞいた骨格のこと。肩、腕、手、腰、脚、足の骨格がそれにあたる。120個以上の骨からできている。

関節

骨格は強くて固いのに、いろんな方向に曲げたり動かしたりできる。別々の骨が関節でつながっているからだ。首にある舌骨をのぞいて、すべての骨は連結している。そのうち動かせる連結を関節といい、このおかげで骨が運動できるようになっている。

線維性連結

頭蓋骨どうしは、線維によってがっちりとつなぎ合わされている。しっかり固定されていて、動かせないんだ。

鞍関節

親指の付け根は鞍関節といって、ウマに乗せる鞍を2つぴったりと合わせたような形になっている。この関節は前後左右に動かせるけど、ぐるぐるとは回せない。

車軸関節

頭を右や左に回せるのは、首の車軸関節のおかげだ。

ちょうつがい関節

指やひじ、かかと、つま先に見られる関節。ちょうつがいで取りつけたドアを開けるときみたいに、2つの方向にしか動かせないけど、すごくがんじょうだ。げんこつをつくるときや、つま先を曲げるときに、この関節が使われる。

軟骨性連結

背骨（脊椎骨）の間をつないでいる連結。軟骨の層だけでできている。自由はきかないけれど、しっかりと支えてくれるんだ。

脊椎

背骨は1本の長い骨じゃない。円板状の軟骨を間にはさんだ33個の「脊椎骨」からできているんだ。

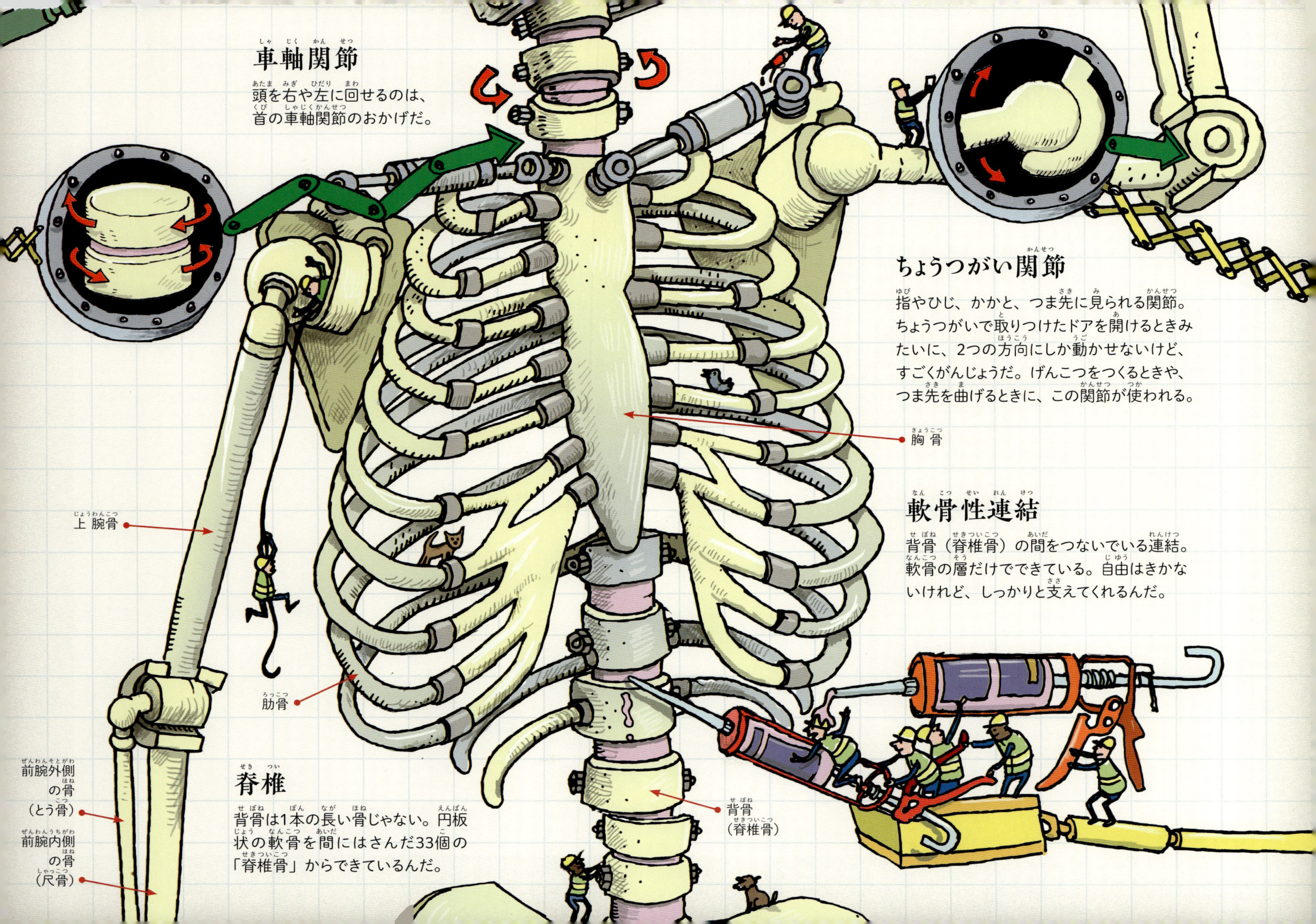

3 安全を守る:有棘層

有棘（トゲトゲの）層には、体内に侵入した細菌を見つける大切な役割をもった細胞がたくさんいる。

4 細胞の工場:基底層

表皮のいちばん下にあたるこの層では、新しい細胞がフル稼働で生産されている。表面ではがれ落ちていく古い細胞の代わりに、いつでも新しい細胞を押し上げる準備をしているんだ。

5 でこぼこ

真皮のいちばん上は、細かくでこぼこした指状の突起をつくっている。この突起によって、真皮と表皮はがっちり結びついている。また、指紋は、このでこぼこに沿ってできているんだ。

6 網のマット

網状層は、フェルトのようにみっちりからみ合う、丈夫な「コラーゲン」線維のマットでできている。

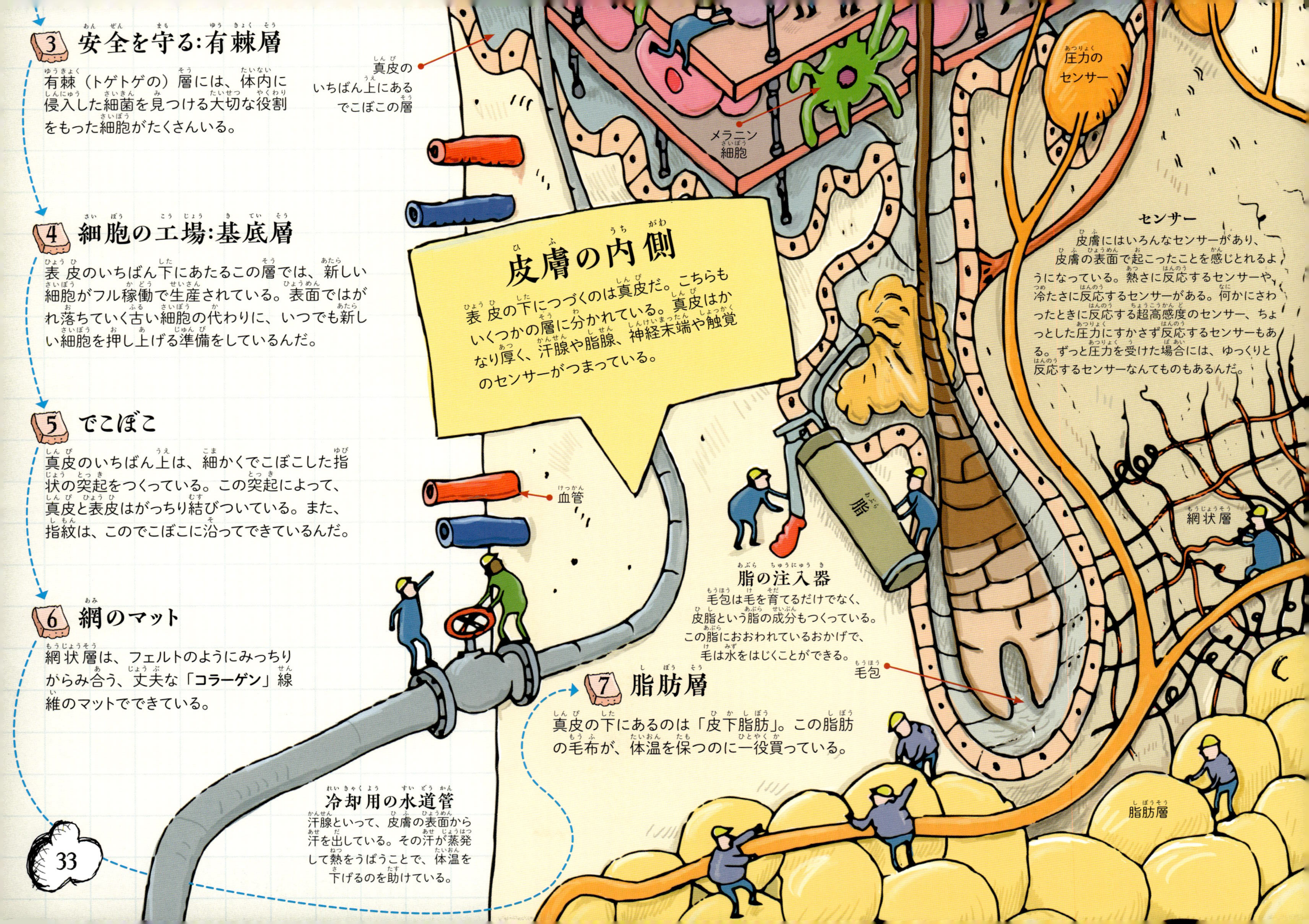

皮膚の内側

表皮の下につづくのは真皮だ。こちらもいくつかの層に分かれている。真皮はかなり厚く、汗腺や脂腺、神経末端や触覚のセンサーがつまっている。

センサー

皮膚にはいろんなセンサーがあり、皮膚の表面で起こったことを感じとれるようになっている。熱さに反応するセンサーや、冷たさに反応するセンサーがある。何かにさわったときに反応する超高感度のセンサー、ちょっとした圧力にすかさず反応するセンサーもある。ずっと圧力を受けた場合には、ゆっくりと反応するセンサーなんてものもあるんだ。

脂の注入器

毛包は毛を育てるだけでなく、皮脂という脂の成分もつくっている。この脂におおわれているおかげで、毛は水をはじくことができる。

7 脂肪層

真皮の下にあるのは「皮下脂肪」。この脂肪の毛布が、体温を保つのに一役買っている。

冷却用の水道管

汗腺といって、皮膚の表面から汗を出している。その汗が蒸発して熱をうばうことで、体温を下げるのを助けている。

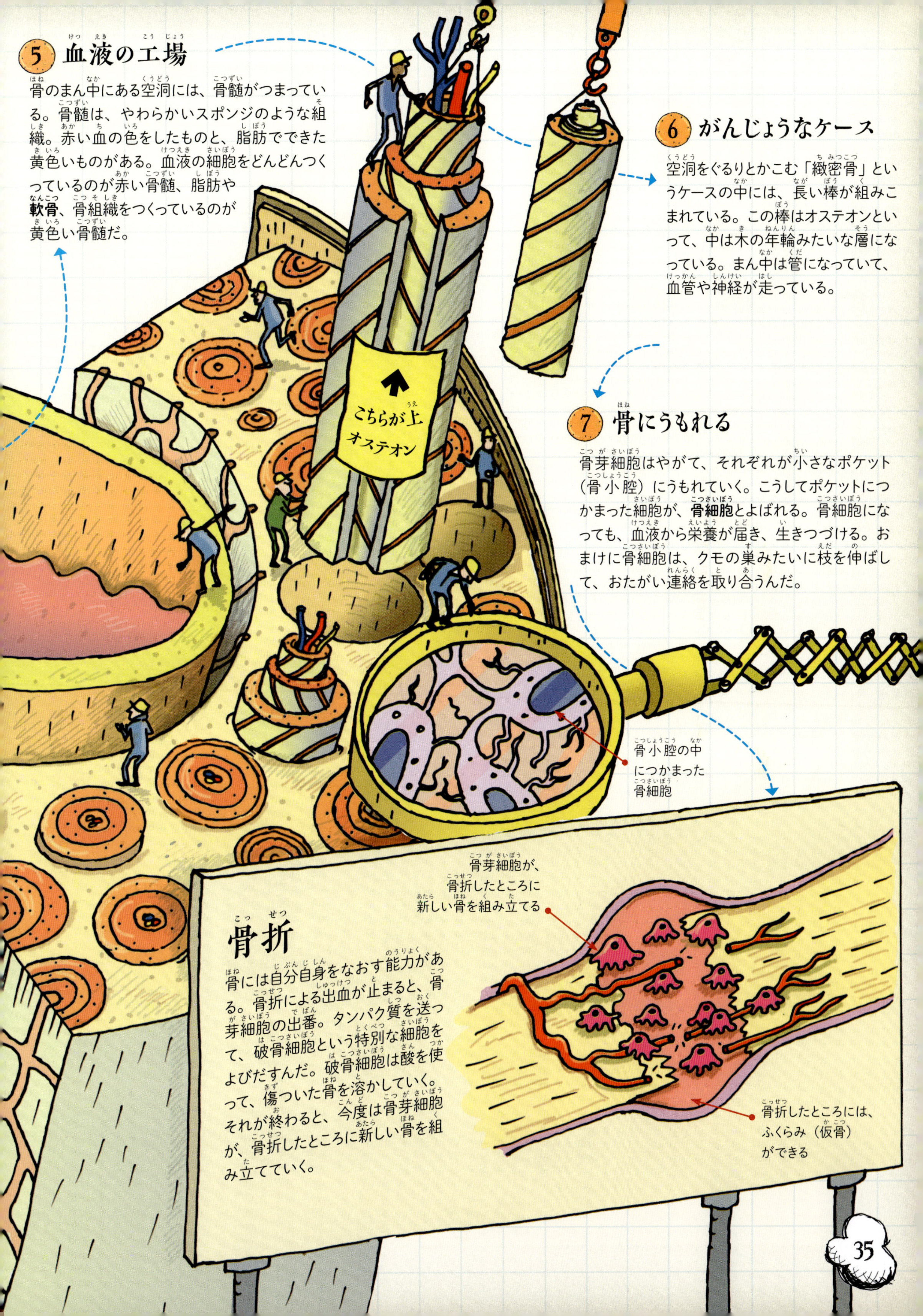

5 血液の工場

骨のまん中にある空洞には、骨髄がつまっている。骨髄は、やわらかいスポンジのような組織。赤い血の色をしたものと、脂肪でできた黄色いものがある。血液の細胞をどんどんつくっているのが赤い骨髄、脂肪や**軟骨**、骨組織をつくっているのが黄色い骨髄だ。

6 がんじょうなケース

空洞をぐるりとかこむ「緻密骨」というケースの中には、長い棒が組みこまれている。この棒はオステオンといって、中は木の年輪みたいな層になっている。まん中は管になっていて、血管や神経が走っている。

7 骨にうもれる

骨芽細胞はやがて、それぞれが小さなポケット（骨小腔）にうもれていく。こうしてポケットにつかまった細胞が、**骨細胞**とよばれる。骨細胞になっても、血液から栄養が届き、生きつづける。おまけに骨細胞は、クモの巣みたいに枝を伸ばして、おたがい連絡を取り合うんだ。

骨折

骨には自分自身をなおす能力がある。骨折による出血が止まると、骨芽細胞の出番。タンパク質を送って、破骨細胞という特別な細胞をよびだすんだ。破骨細胞は酸を使って、傷ついた骨を溶かしていく。それが終わると、今度は骨芽細胞が、骨折したところに新しい骨を組み立てていく。

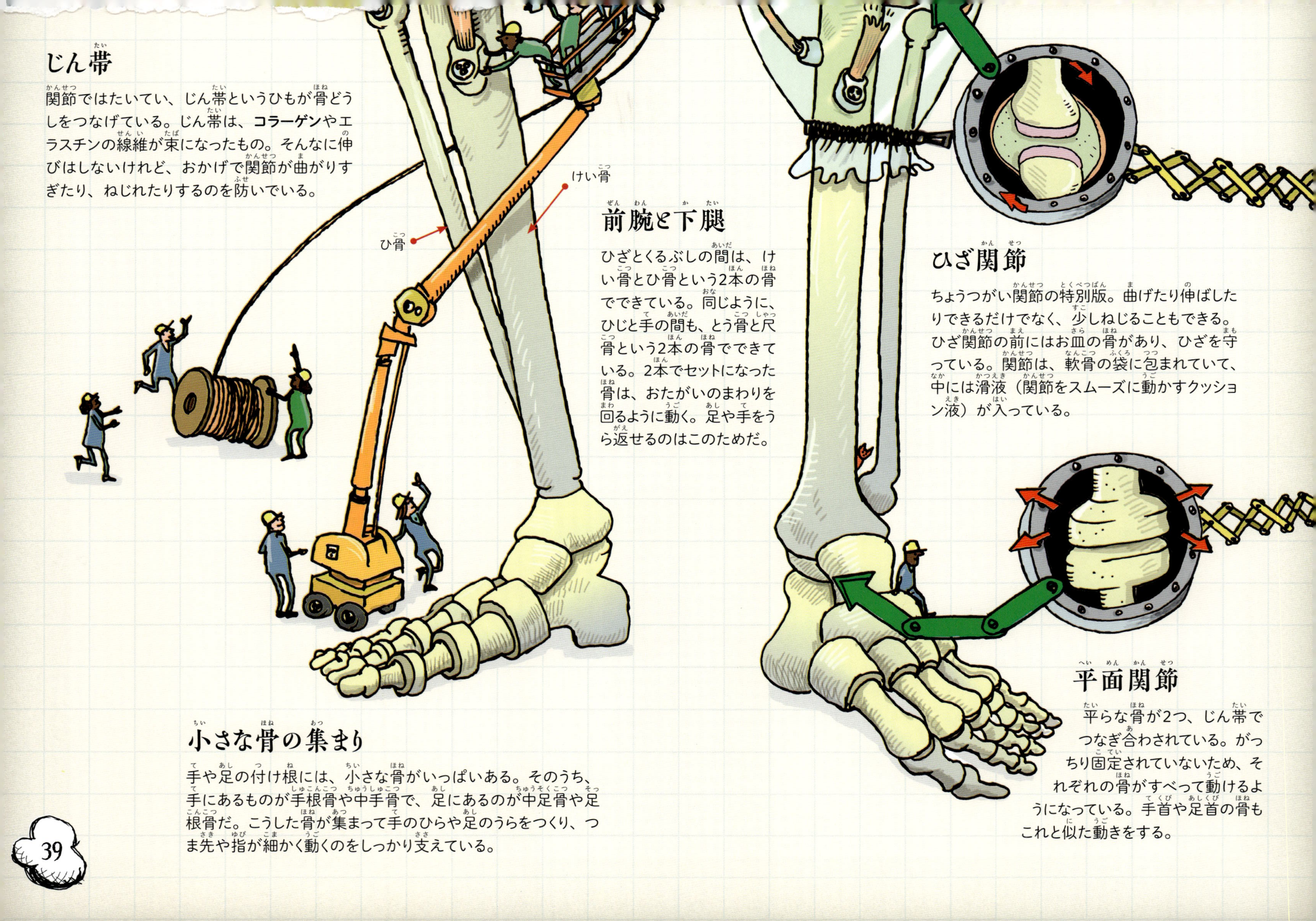

じん帯

関節ではたいてい、じん帯というひもが骨どうしをつなげている。じん帯は、**コラーゲン**やエラスチンの線維が束になったもの。そんなに伸びはしないけれど、おかげで関節が曲がりすぎたり、ねじれたりするのを防いでいる。

前腕と下腿

ひざとくるぶしの間は、けい骨とひ骨という2本の骨でできている。同じように、ひじと手の間も、とう骨と尺骨という2本の骨でできている。2本でセットになった骨は、おたがいのまわりを回るように動く。足や手をうら返せるのはこのためだ。

ひざ関節

ちょうつがい関節の特別版。曲げたり伸ばしたりできるだけでなく、少しねじることもできる。ひざ関節の前にはお皿の骨があり、ひざを守っている。関節は、軟骨の袋に包まれていて、中には滑液（関節をスムーズに動かすクッション液）が入っている。

小さな骨の集まり

手や足の付け根には、小さな骨がいっぱいある。そのうち、手にあるものが手根骨や中手骨で、足にあるのが中足骨や足根骨だ。こうした骨が集まって手のひらや足のうらをつくり、つま先や指が細かく動くのをしっかり支えている。

平面関節

平らな骨が2つ、じん帯でつなぎ合わされている。がっちり固定されていないため、それぞれの骨がすべて動けるようになっている。手首や足首の骨もこれと似た動きをする。

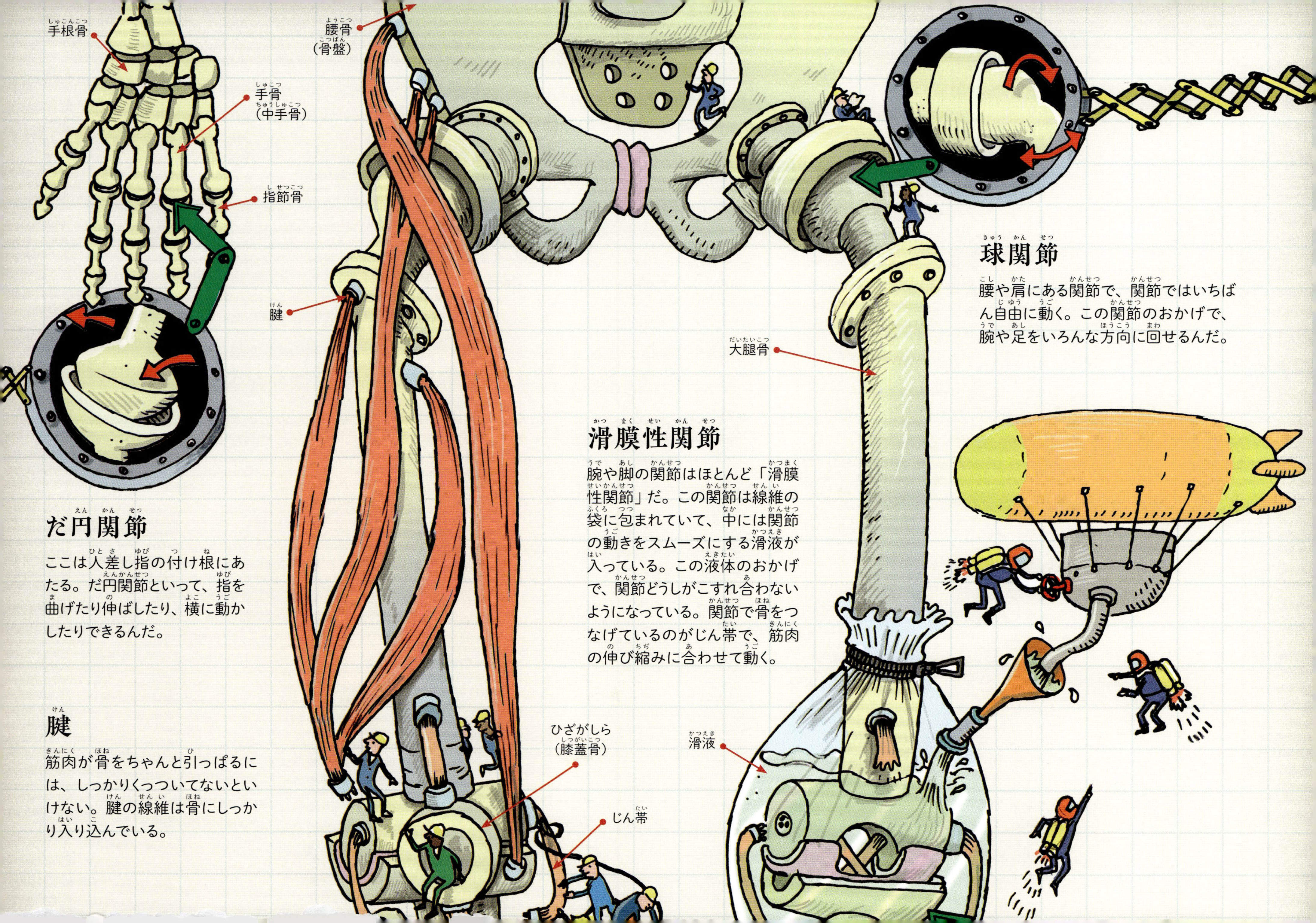
球関節
腰や肩にある関節で、関節ではいちばん自由に動く。この関節のおかげで、腕や足をいろんな方向に回せるんだ。
滑膜性関節
腕や脚の関節はほとんど「滑膜性関節」だ。この関節は線維の袋に包まれていて、中には関節の動きをスムーズにする滑液が入っている。この液体のおかげで、関節どうしがこすれ合わないようになっている。関節で骨をつなげているのがじん帯で、筋肉の伸び縮みに合わせて動く。
だ円関節
ここは人差し指の付け根にあたる。だ円関節といって、指を曲げたり伸ばしたり、横に動かしたりできるんだ。
腱
筋肉が骨をちゃんと引っぱるには、しっかりくっついてないといけない。腱の線維は骨にしっかり入り込んでいる。
手根骨
手骨
(中手骨)
指節骨
腰骨
(骨盤)
腱
大腿骨
滑液
ひざがしら
(膝蓋骨)
じん帯

体はどうやって成長するの？

きみの体は、ひとときも休まず**細胞**をつくるすごいマシンだ。今こうしているときにも、何百万もの新しい細胞がつくられ、古い細胞が死んでいっている。

① 入れかえのタイミング

神経細胞は、きみが生きている間ずっと同じ細胞だけど、皮膚細胞はほんの数週間で入れかわる。全身の細胞が入れかわるのに、だいたい7年から10年はかかる。また、細胞が傷ついたときも、入れかえる必要があるんだ。

② 成長はつづく？

子どもの間は、毎日成長して大きくなりつづける。体が成長するのは、新しい細胞がつくられているからだ。成長は速くなるときもあれば、ゆっくりになるときもある。大人になったら、成長は止まってしまう。でも、鼻や耳は成長しつづけるよ。

はじまりの細胞

きみの体の成長は、お母さんのおなかにいるときからはじまっていた（P76〜77を見て）。そのとき体には、どんな細胞にでもなれる「幹」細胞があったんだ。今でも、きみの体には幹細胞がひそむ小さなポケットがある。古くなった細胞や傷ついた細胞をおぎなうため、使われるんだ。

骨

血液

幹細胞

肝臓

皮膚

③ 倍になる

きみの体は、一から新しい細胞をつくることはできない。代わりに、今ある細胞が2つに分かれるんだ。それで、分かれた半分の細胞がそれぞれ新しい細胞になる。新しい細胞が必要になると、細胞がどんどん分かれていき、いっぱい細胞をつくる。これを細胞増殖というんだ。

骨

④ そっくりな細胞

細胞はぜんぶ同じ方法で分かれていく。だから、新しい細胞と古い細胞はまったく同じだ。分裂がはじまると、まず細胞がふくれる。次に、DNAという命のプログラムがコピーされる。そして、23セットのDNA（染色体）が、まん中でたてに並び、パックリと2つに分かれる。新しい細胞用に、まったく同じDNAのセットが2つできあがるんだ。

⑦ 死ぬとき

新しい細胞は、その表面にある分子で、自分が正しい場所にいることを確認している。この分子は、住所が書かれたラベルのようなものだ。でも、住所がまちがっていると、細胞はそのまま死んでしまう。傷ついたり、古くなった場合も、細胞は自分をこわす。これをアポトーシスといって、ガンから体を守るのにも役立っているんだ。

⑥ これでじゅうぶん

子どものときは、どんどん成長する必要がある。そのため、サイトカインという化学物質が出されて、細胞分裂が速められている。また、切り傷ができたときも分裂が速くなる。でも、傷がなおったり、体のパーツが成長しきったら、別のサイトカインが出されて、分裂にストップがかかるんだ。

⑧ 骨は成長する

きみの脚や腕の骨は、今まさに成長しているところだね。子どもには特別に、骨の両端に「成長板」があって、そこで細胞が分裂してふえている。新しい細胞ができると、それまであった古い細胞がうめこまれて、硬い骨になるんだ。こうして骨が成長し、ちょうどよい大きさになると、成長板はふさがれて硬い骨に変わり、きみの成長も止まる。

⑤ 分かれる

細胞は、DNAがちゃんとコピーされていることを確認すると、細胞の両端にDNAを1セットずつ送る。それから、細胞が2つに分かれ、膜で分けられると、2つの新しい細胞が完成する。このプロセスを有糸分裂というんだ。

ホルモンってなに？

環境や年齢に合わせて体のはたらきを調節するには、**ホルモン**という化学物質が必要だ。ホルモンは血液で運ばれ、**細胞**に「何をすべきか」を伝えて回る。きみが危険な目にあっているときは、**アドレナリン**というホルモンが出て、体を次の行動にそなえさせるんだ。

ホルモンの倉庫

体の中には、内分泌腺というホルモンの倉庫がいたるところにある。内分泌腺は、必要なときに合図を受けてホルモンを出す。すると、そのホルモンが血液の成分を変えたり、別のホルモンに作用したりするんだ。

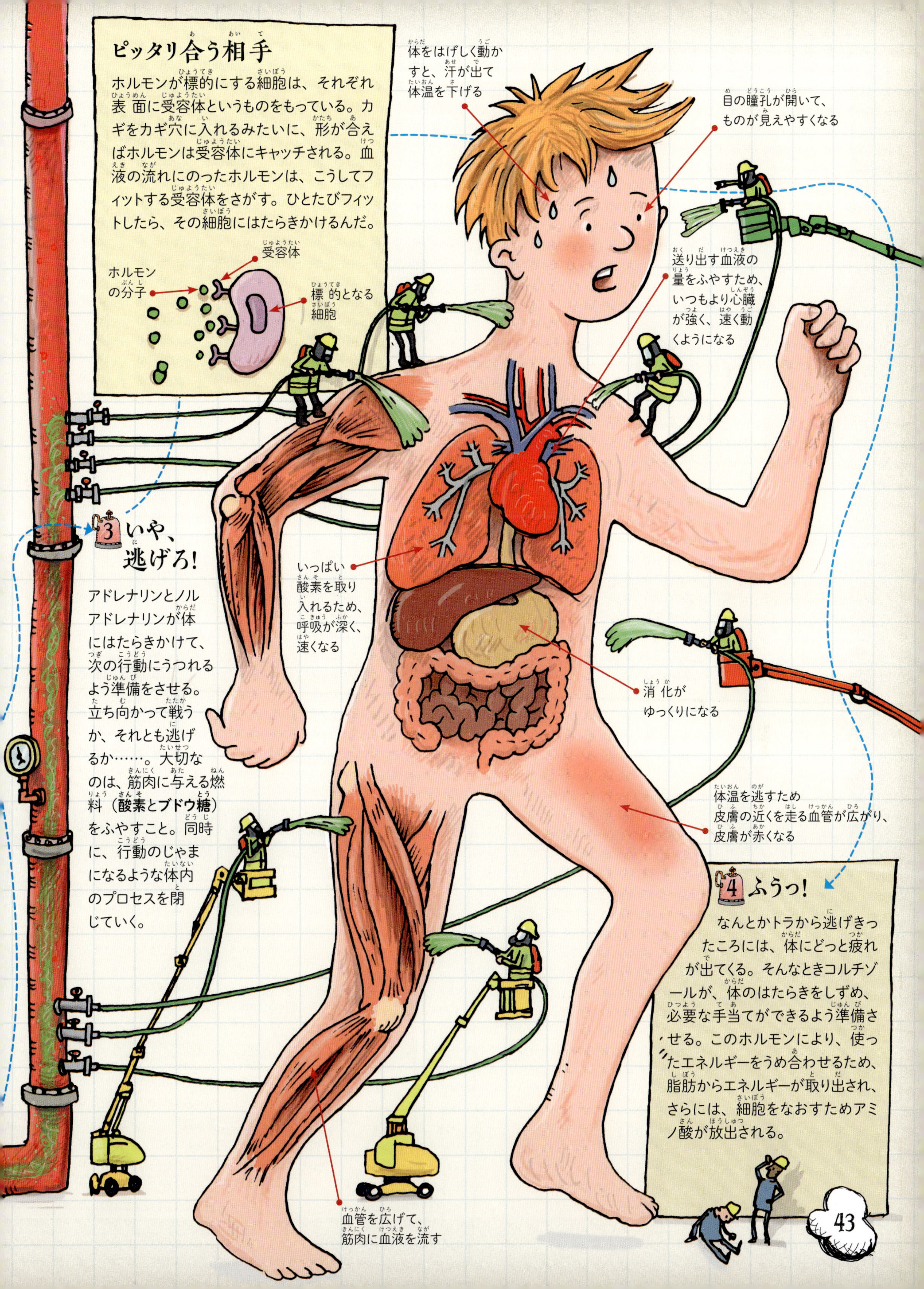
ピッタリ合う相手
ホルモンが標的にする細胞は、それぞれ表面に受容体というものをもっている。カギをカギ穴に入れるみたいに、形が合えばホルモンは受容体にキャッチされる。血液の流れにのったホルモンは、こうしてフィットする受容体をさがす。ひとたびフィットしたら、その細胞にはたらきかけるんだ。
受容体
ホルモンの分子
標的となる細胞
体をはげしく動かすと、汗が出て体温を下げる
目の瞳孔が開いて、ものが見えやすくなる
送り出す血液の量をふやすため、いつもより心臓が強く、速く動くようになる
3 いや、逃げろ！
アドレナリンとノルアドレナリンが体にはたらきかけて、次の行動にうつれるよう準備をさせる。立ち向かって戦うか、それとも逃げるか……。大切なのは、筋肉に与える燃料（酸素とブドウ糖）をふやすこと。同時に、行動のじゃまになるような体内のプロセスを閉じていく。
いっぱい酸素を取り入れるため、呼吸が深く、速くなる
消化がゆっくりになる
体温を逃すため皮膚の近くを走る血管が広がり、皮膚が赤くなる
4 ふうっ！
なんとかトラから逃げきったころには、体にどっと疲れが出てくる。そんなときコルチゾールが、体のはたらきをしずめ、必要な手当てができるよう準備させる。このホルモンにより、使ったエネルギーをうめ合わせるため、脂肪からエネルギーが取り出され、さらには、細胞をなおすためアミノ酸が放出される。
血管を広げて、筋肉に血液を流す

肝臓はなにをしているの?

肝臓は、昼も夜もはたらく化学工場だ。500以上の化学処理を同時に行っている。血液をきれいにする、血液で吸収した栄養分を体で使える形に仕上げる、胆汁をつくって消化を助ける、などなど、数々の大切な仕事をしているんだ。

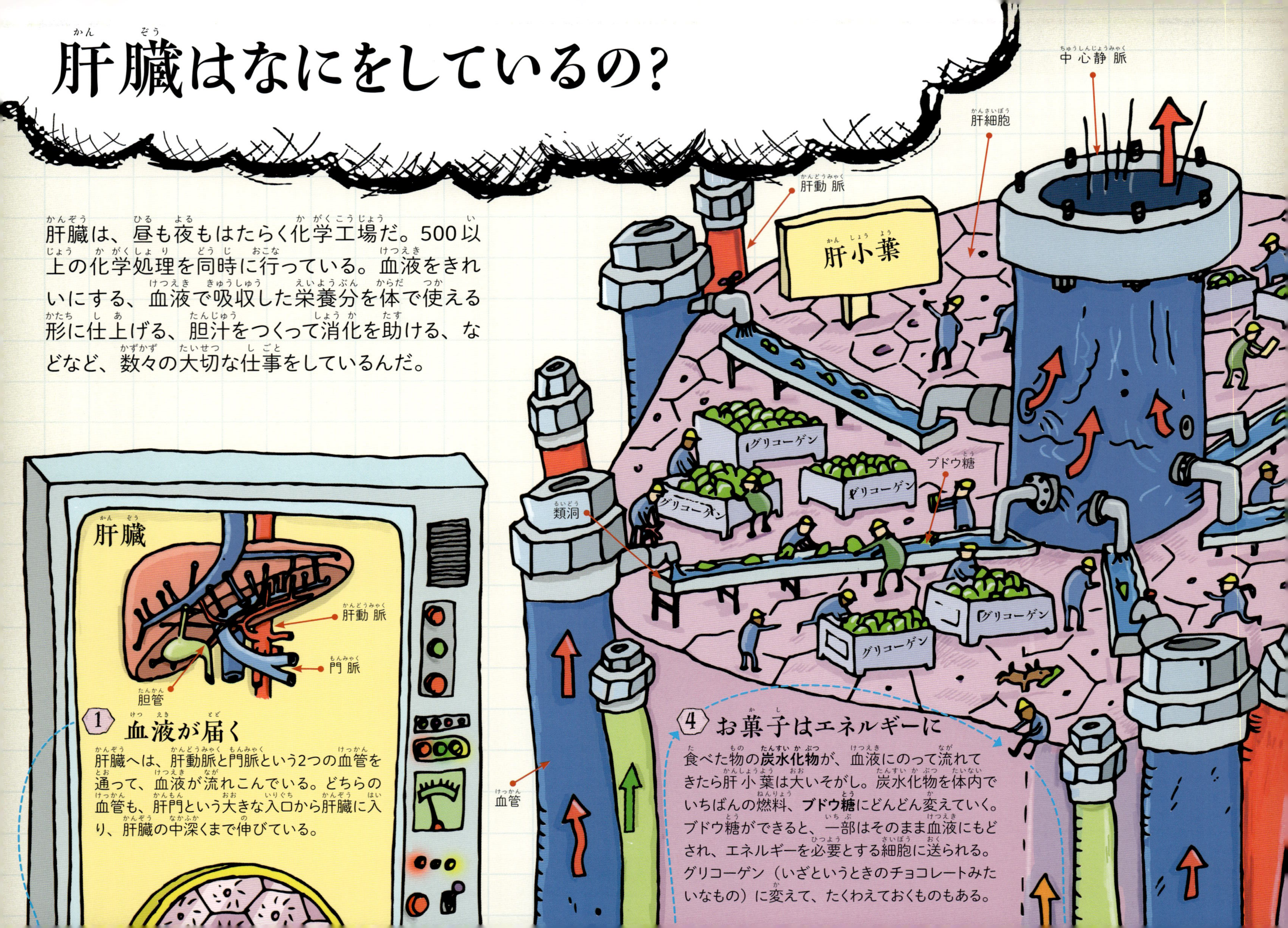

① 血液が届く

肝臓へは、肝動脈と門脈という2つの血管を通って、血液が流れこんでいる。どちらの血管も、肝門という大きな入口から肝臓に入り、肝臓の中深くまで伸びている。

④ お菓子はエネルギーに

食べた物の**炭水化物**が、血液にのって流れてきたら肝小葉は大いそがし。炭水化物を体内でいちばんの燃料、**ブドウ糖**にどんどん変えていく。ブドウ糖ができると、一部はそのまま血液にもどされ、エネルギーを必要とする細胞に送られる。グリコーゲン（いざというときのチョコレートみたいなもの）に変えて、たくわえておくものもある。

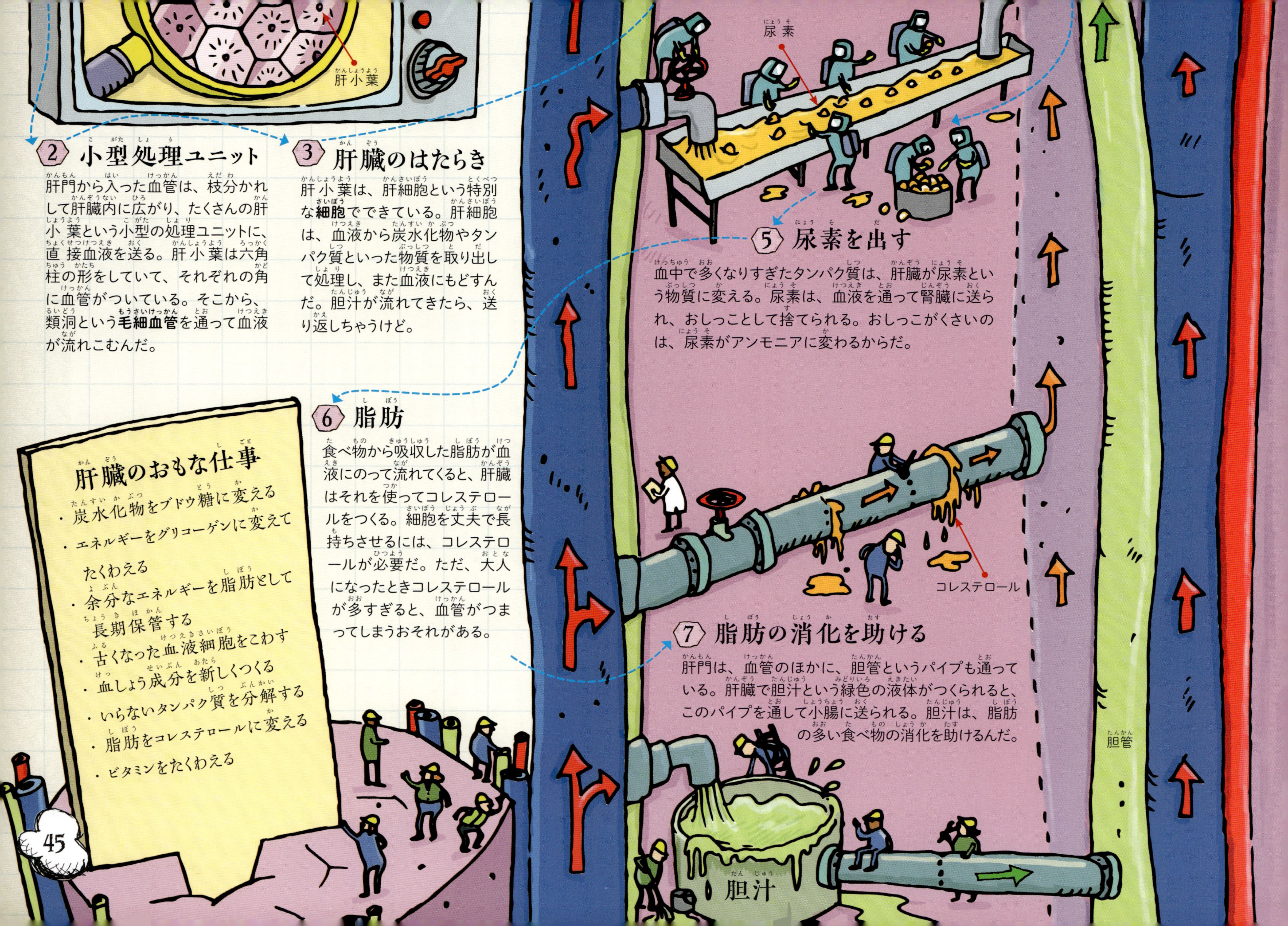

② 小型処理ユニット

肝門から入った血管は、枝分かれして肝臓内に広がり、たくさんの肝小葉という小型の処理ユニットに、直接血液を送る。肝小葉は六角柱の形をしていて、それぞれの角に血管がついている。そこから、類洞という**毛細血管**を通って血液が流れこむんだ。

③ 肝臓のはたらき

肝小葉は、肝細胞という特別な**細胞**でできている。肝細胞は、血液から炭水化物やタンパク質といった物質を取り出して処理し、また血液にもどすんだ。胆汁が流れてきたら、送り返しちゃうけど。

⑤ 尿素を出す

血中で多くなりすぎたタンパク質は、肝臓が尿素という物質に変える。尿素は、血液を通って腎臓に送られ、おしっことして捨てられる。おしっこがくさいのは、尿素がアンモニアに変わるからだ。

⑥ 脂肪

食べ物から吸収した脂肪が血液にのって流れてくると、肝臓はそれを使ってコレステロールをつくる。細胞を丈夫で長持ちさせるには、コレステロールが必要だ。ただ、大人になったときコレステロールが多すぎると、血管がつまってしまうおそれがある。

⑦ 脂肪の消化を助ける

肝門は、血管のほかに、胆管というパイプも通っている。肝臓で胆汁という緑色の液体がつくられると、このパイプを通して小腸に送られる。胆汁は、脂肪の多い食べ物の消化を助けるんだ。

肝臓のおもな仕事

- 炭水化物をブドウ糖に変える
- エネルギーをグリコーゲンに変えてたくわえる
- 余分なエネルギーを脂肪として長期保管する
- 古くなった血液細胞をこわす
- 血しょう成分を新しくつくる
- いらないタンパク質を分解する
- 脂肪をコレステロールに変える
- ビタミンをたくわえる

体温はどうやって保たれているの？

きみの体には、体内のはたらきをつねに安定させるため、体温をコントロールするしくみがそなわっている。気温がどんなに低くても、またどんなに高くても、体温は37℃あたりで保たれるんだ。病気になると、体温は変化する。それでも、ほんの少し高くなるだけだ。

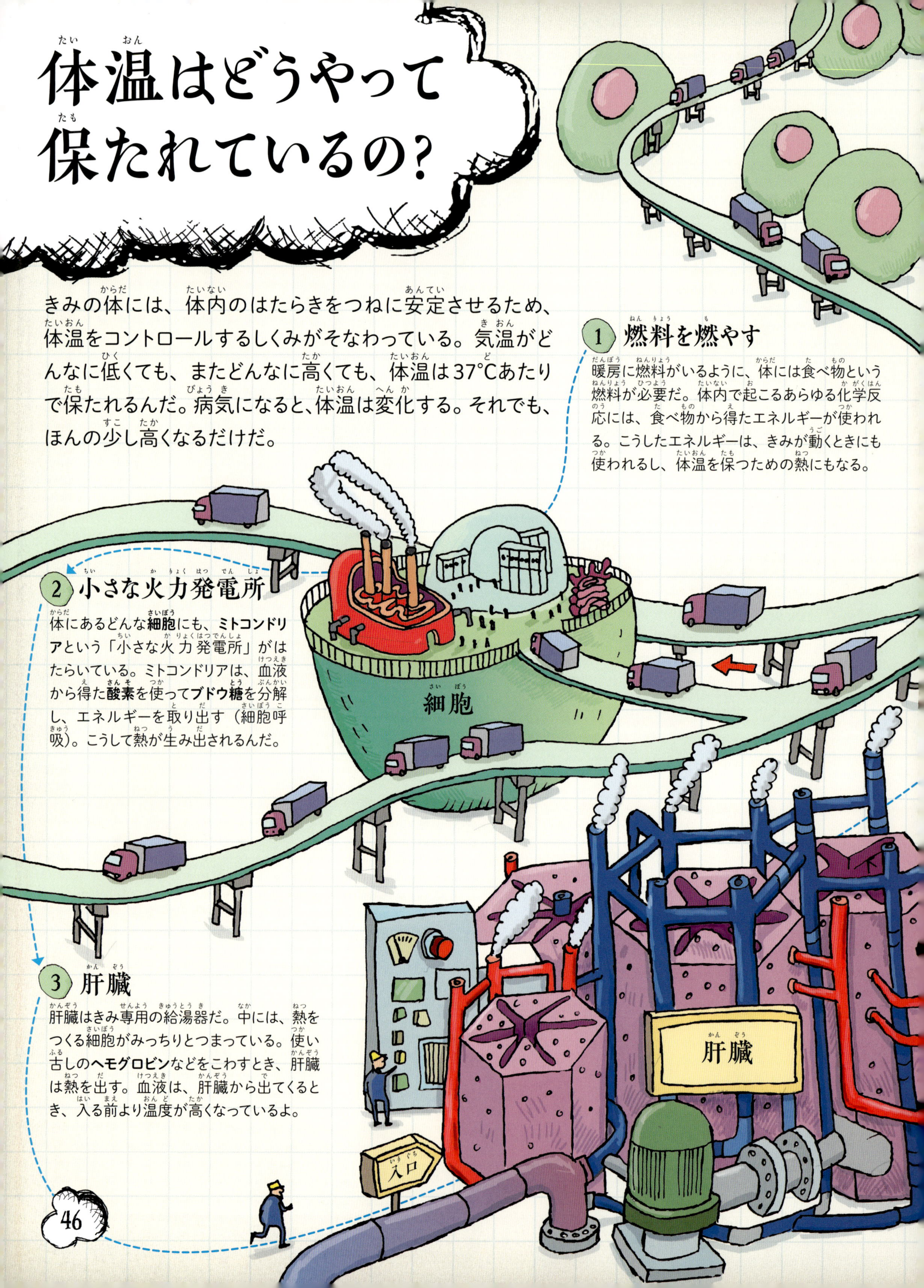

1 燃料を燃やす

暖房に燃料がいるように、体には食べ物という燃料が必要だ。体内で起こるあらゆる化学反応には、食べ物から得たエネルギーが使われる。こうしたエネルギーは、きみが動くときにも使われるし、体温を保つための熱にもなる。

2 小さな火力発電所

体にあるどんな**細胞**にも、**ミトコンドリア**という「小さな火力発電所」がはたらいている。ミトコンドリアは、血液から得た**酸素**を使って**ブドウ糖**を分解し、エネルギーを取り出す（細胞呼吸）。こうして熱が生み出されるんだ。

3 肝臓

肝臓はきみ専用の給湯器だ。中には、熱をつくる細胞がみっちりとつまっている。使い古しの**ヘモグロビン**などをこわすとき、肝臓は熱を出す。血液は、肝臓から出てくるとき、入る前より温度が高くなっているよ。

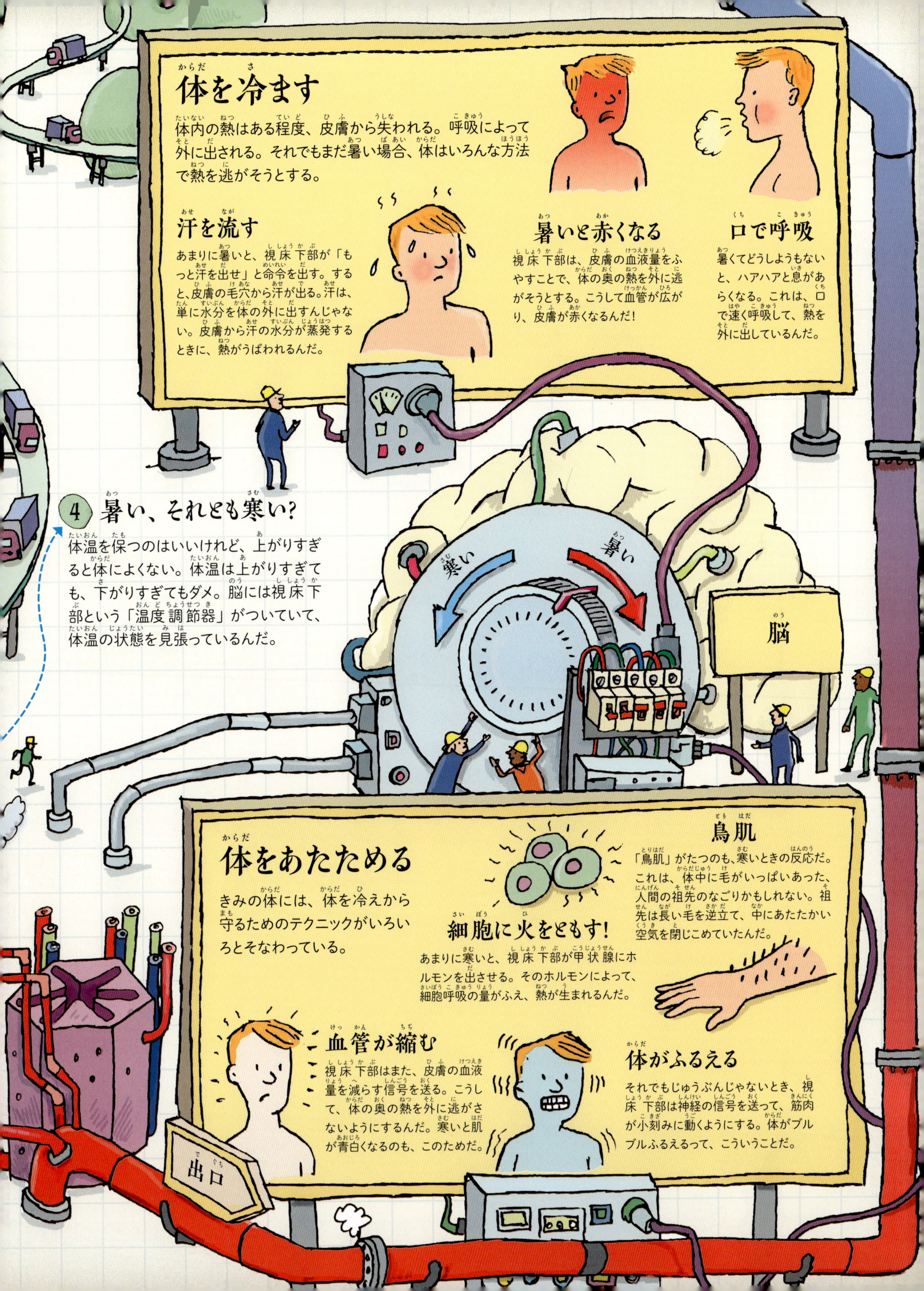

体を冷ます
体内の熱はある程度、皮膚から失われる。呼吸によって外に出される。それでもまだ暑い場合、体はいろんな方法で熱を逃がそうとする。
汗を流す
あまりに暑いと、視床下部が「もっと汗を出せ」と命令を出す。すると、皮膚の毛穴から汗が出る。汗は、単に水分を体の外に出すんじゃない。皮膚から汗の水分が蒸発するときに、熱がうばわれるんだ。
暑いと赤くなる
視床下部は、皮膚の血液量をふやすことで、体の奥の熱を外に逃がそうとする。こうして血管が広がり、皮膚が赤くなるんだ！
口で呼吸
暑くてどうしようもないと、ハアハアと息があらくなる。これは、口で速く呼吸して、熱を外に出しているんだ。
4 暑い、それとも寒い？
体温を保つのはいいけれど、上がりすぎると体によくない。体温は上がりすぎても、下がりすぎてもダメ。脳には視床下部という「温度調節器」がついていて、体温の状態を見張っているんだ。
寒い
暑い
脳
体をあたためる
きみの体には、体を冷えから守るためのテクニックがいろいろとそなわっている。
鳥肌
「鳥肌」がたつのも、寒いときの反応だ。これは、体中に毛がいっぱいあった、人間の祖先のなごりかもしれない。祖先は長い毛を逆立て、中にあたたかい空気を閉じこめていたんだ。
細胞に火をともす！
あまりに寒いと、視床下部が甲状腺にホルモンを出させる。そのホルモンによって、細胞呼吸の量がふえ、熱が生まれるんだ。
血管が縮む
視床下部はまた、皮膚の血液量を減らす信号を送る。こうして、体の奥の熱を外に逃がさないようにするんだ。寒いと肌が青白くなるのも、このためだ。
体がふるえる
それでもじゅうぶんじゃないとき、視床下部は神経の信号を送って、筋肉が小刻みに動くようにする。体がブルブルふるえるって、こういうことだ。
出口

体の中で、水はどうなっているの？

きみの体は、60パーセント以上が水でできている。**細胞**は水で満たされているし、体液はほとんどが水だ。体内のはたらきを維持するのにも、水は欠かせない。体内の水分量のバランスをとるのは、腎臓のおもな仕事だ。

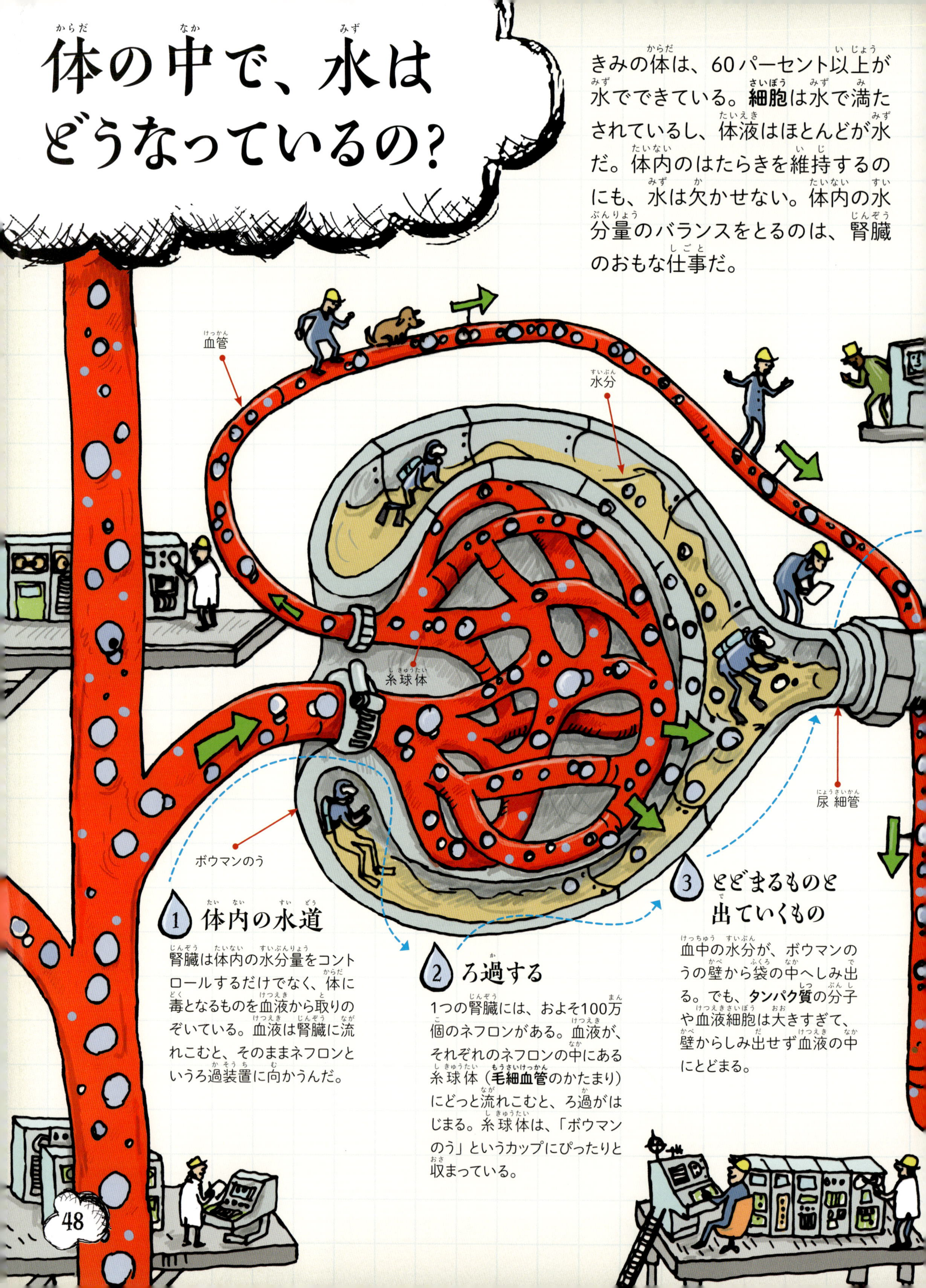

1 体内の水道

腎臓は体内の水分量をコントロールするだけでなく、体に毒となるものを血液から取りのぞいている。血液は腎臓に流れこむと、そのままネフロンというろ過装置に向かうんだ。

2 ろ過する

1つの腎臓には、およそ100万個のネフロンがある。血液が、それぞれのネフロンの中にある糸球体（**毛細血管**のかたまり）にどっと流れこむと、ろ過がはじまる。糸球体は、「ボウマンのう」というカップにぴったりと収まっている。

3 とどまるものと出ていくもの

血中の水分が、ボウマンのうの壁から袋の中へしみ出る。でも、**タンパク質**の分子や血液細胞は大きすぎて、壁からしみ出せず血液の中にとどまる。

なぜ食べるの？

食べ物は、きみの体が動きつづけるために必要な燃料だ。体の成長や、健康のために使う材料も食べ物から得ている。肉を食べるライオンや、草を食べる牛とちがって、人間はいろんなものを食べる。けれど、バランスよく食べなきゃならない。ここでは、必要となるおもな食べ物をみていこう。

パン

茶色の全粒粉パンには食物繊維がたっぷり。白いパンはそれほどでもない。

野菜と果物

野菜と果物はビタミンをたくさん含んでいるけれど、体全体の必要量には足りないんだ。だからベジタリアンの人は、組み合わせに気を配る必要がある。

ビタミン

ビタミンAやビタミンCなど、ビタミンはサプリメントとしても売られているね。必要なのはわずかな量だけど、体内ではなかなかつくれない。種類ごとにいろんな食品に含まれていて、それぞれが体内で特別なはたらきをするんだ。

食物繊維

胃腸の筋肉を最高の状態に保つには、不溶性（水に溶けない）食物繊維を使ってきたえる必要がある。不溶性食物繊維は、植物に含まれるセルロースなどの繊維のことで、人間の体では消化できないんだ。

肉

肉のタンパク質には、体内で必要なあらゆるアミノ酸が含まれている。脂肪も豊富なんだ。

魚

魚は、タンパク質やビタミンの良質な栄養源だ。

タンパク質

細胞をつくったり、なおしたりするのに必要なのが**タンパク質**だ。成長するスピードが速ければ速いほど、多くのタンパク質が必要になる。タンパク質は20種類のアミノ酸からできているけれど、体内でつくれるのは12種類だけ。残りは食べ物からとらないといけないんだ。

食べた物はどこへ行くの？

食べた物を細胞が使えるようにするには、**消化器系**という体内の化学処理工場で分解する必要がある。食べ物の分解は、時間がかかるたいへんな仕事だ。それに、消化器系はとても長いトンネル。口からおしりまで、体の中をうねうねと進んでいる。

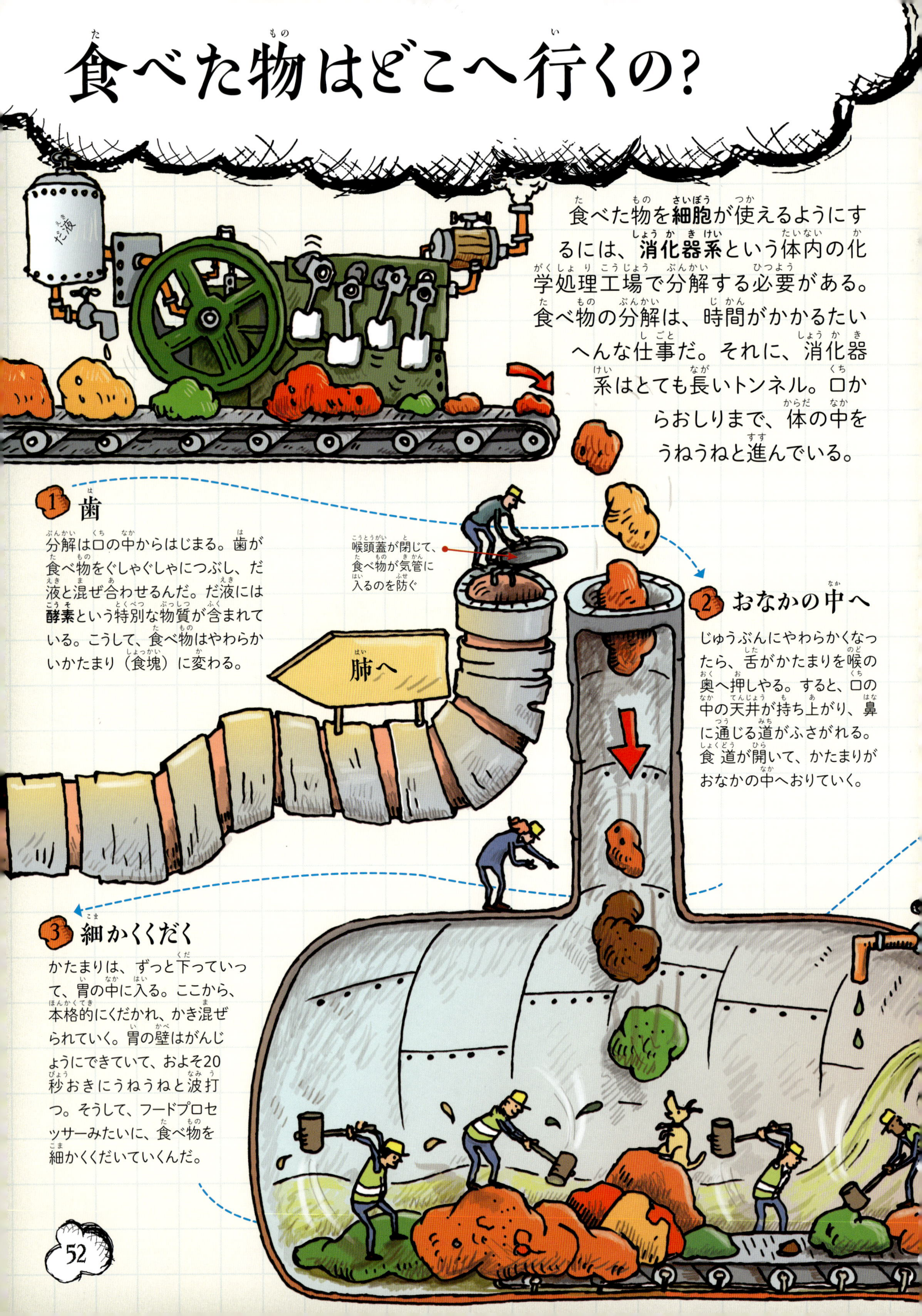

1 歯

分解は口の中からはじまる。歯が食べ物をぐしゃぐしゃにつぶし、だ液と混ぜ合わせるんだ。だ液には**酵素**という特別な物質が含まれている。こうして、食べ物はやわらかいかたまり（食塊）に変わる。

2 おなかの中へ

じゅうぶんにやわらかくなったら、舌がかたまりを喉の奥へ押しやる。すると、口の中の天井が持ち上がり、鼻に通じる道がふさがれる。食道が開いて、かたまりがおなかの中へおりていく。

3 細かくくだく

かたまりは、ずっと下っていって、胃の中に入る。ここから、本格的にくだかれ、かき混ぜられていく。胃の壁はがんじょうにできていて、およそ20秒おきにうねうねと波打つ。そうして、フードプロセッサーみたいに、食べ物を細かくくだいていくんだ。

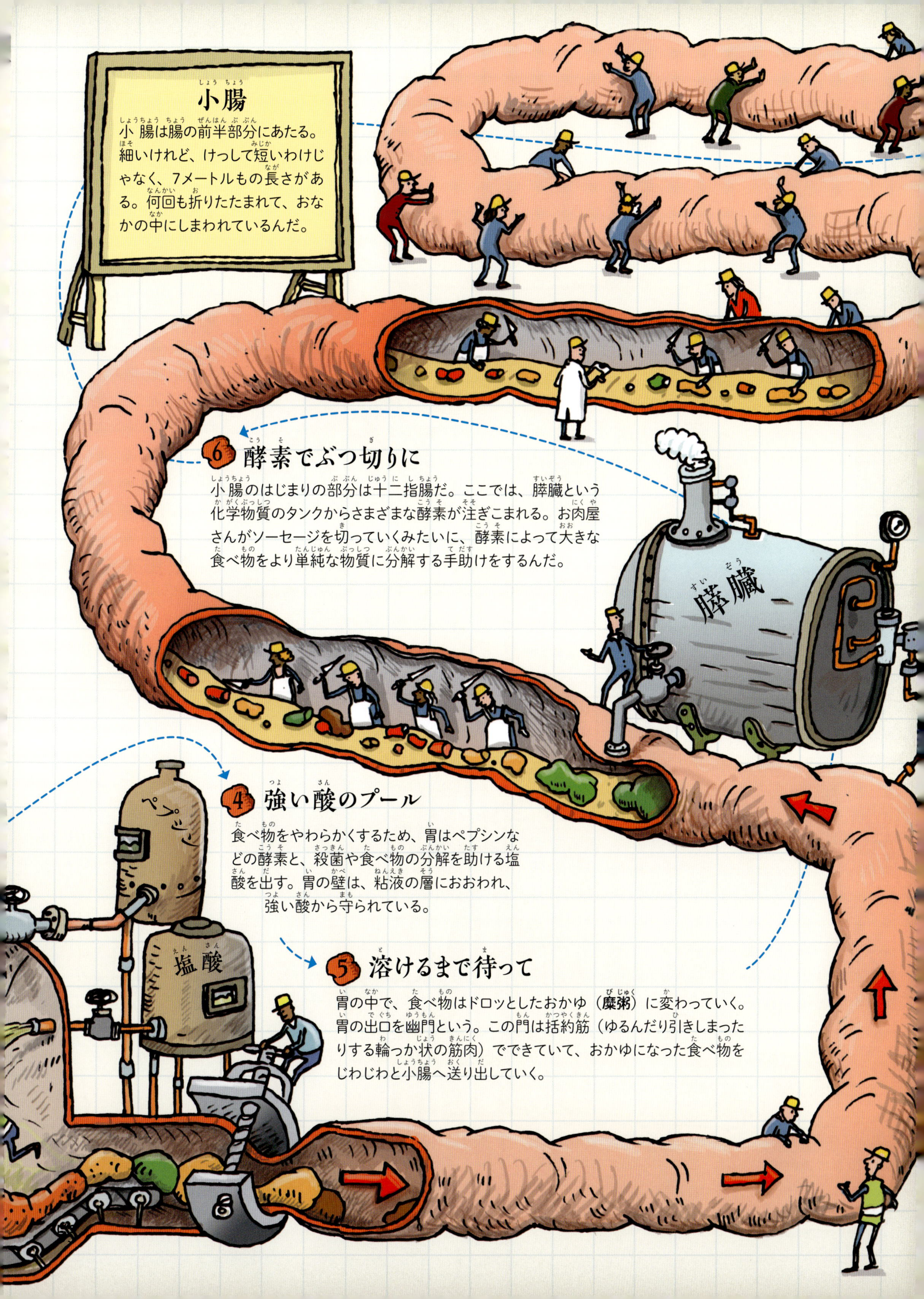

小腸
小腸は腸の前半部分にあたる。細いけれど、けっして短いわけじゃなく、7メートルもの長さがある。何回も折りたたまれて、おなかの中にしまわれているんだ。
6 酵素でぶつ切りに
小腸のはじまりの部分は十二指腸だ。ここでは、膵臓という化学物質のタンクからさまざまな酵素が注ぎこまれる。お肉屋さんがソーセージを切っていくみたいに、酵素によって大きな食べ物をより単純な物質に分解する手助けをするんだ。
膵臓
4 強い酸のプール
食べ物をやわらかくするため、胃はペプシンなどの酵素と、殺菌や食べ物の分解を助ける塩酸を出す。胃の壁は、粘液の層におおわれ、強い酸から守られている。
ペプシン
塩酸
5 溶けるまで待って
胃の中で、食べ物はドロッとしたおかゆ（糜粥）に変わっていく。胃の出口を幽門という。この門は括約筋（ゆるんだり引きしまったりする輪っか状の筋肉）でできていて、おかゆになった食べ物をじわじわと小腸へ送り出していく。

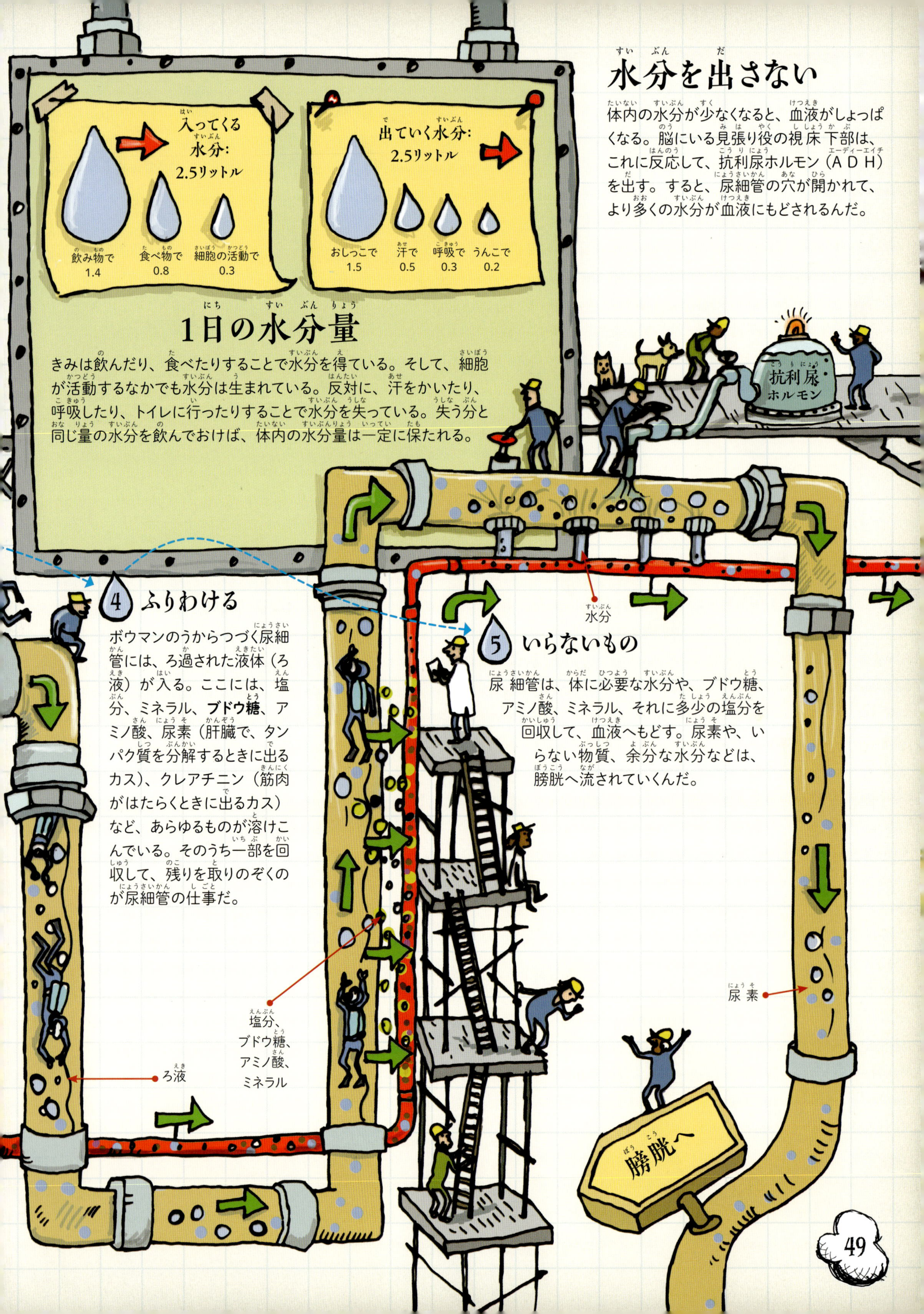

水分を出さない

体内の水分が少なくなると、血液がしょっぱくなる。脳にいる見張り役の視床下部は、これに反応して、抗利尿ホルモン（ＡＤＨ）を出す。すると、尿細管の穴が開かれて、より多くの水分が血液にもどされるんだ。

1日の水分量

きみは飲んだり、食べたりすることで水分を得ている。そして、細胞が活動するなかでも水分は生まれている。反対に、汗をかいたり、呼吸したり、トイレに行ったりすることで水分を失っている。失う分と同じ量の水分を飲んでおけば、体内の水分量は一定に保たれる。

4 ふりわける

ボウマンのうからつづく尿細管には、ろ過された液体（ろ液）が入る。ここには、塩分、ミネラル、**ブドウ糖**、アミノ酸、尿素（肝臓で、タンパク質を分解するときに出るカス）、クレアチニン（筋肉がはたらくときに出るカス）など、あらゆるものが溶けこんでいる。そのうち一部を回収して、残りを取りのぞくのが尿細管の仕事だ。

5 いらないもの

尿細管は、体に必要な水分や、ブドウ糖、アミノ酸、ミネラル、それに多少の塩分を回収して、血液へもどす。尿素や、いらない物質、余分な水分などは、膀胱へ流されていくんだ。

神経のしくみ

神経系は、**ニューロン**という長い神経細胞でできている。ニューロンは、化学物質と電気を使って、体じゅうの信号を大急ぎで伝えて回るんだ。感覚ニューロンは感覚の刺激をメッセージとして受け取り、運動ニューロンは筋肉にメッセージを伝える。

① 位置について、ヨーイ……

皮膚の下には感覚神経の端にあたる受容体があって、外の世界で起こっていることを感じとろうと待ち受けている。何も刺激がない静かな状態だと、神経内はマイナス（－）の電気になっている。というのも、神経内にはタンパク質イオンがいっぱいあるからだ。イオンは、電気をもつツブツブのこと。そして、**タンパク質**のイオンがもつ電気はマイナスだ。

② ドン！

指にトゲがささったら、受容体がナトリウムイオンを神経線維の中に送る。この神経線維は、腕から脊椎までつづいているんだ。

③ ゲートが開く

ナトリウムイオンの放出が合図になって、神経の壁についているナトリウム専用ゲートが開く。すると、たくさんのナトリウムイオンが外からなだれこむ。ナトリウムイオンはプラス（＋）の電気をもっているため、神経内の電気もすぐさまプラスにきりかわる。

すき間に注意！

信号を伝えるとき、神経細胞どうしは触れていない。代わりに、**「シナプス」**というせまいすき間に、**神経伝達物質**のツブツブを流す。信号を受け取る側の神経には、ドッキング部位があって、決まった神経伝達物質しか受け取らないようになっている。つまり、正しい物質が出されたときにだけ反応するんだ。

⑩ 気をつけて！

筋肉が縮んで、トゲから指をひっこめる。ここまでのことは、ものすごい速さで起こっている。あまりに速いから、起こった後にしか気づかないんだ。イタッ！↗

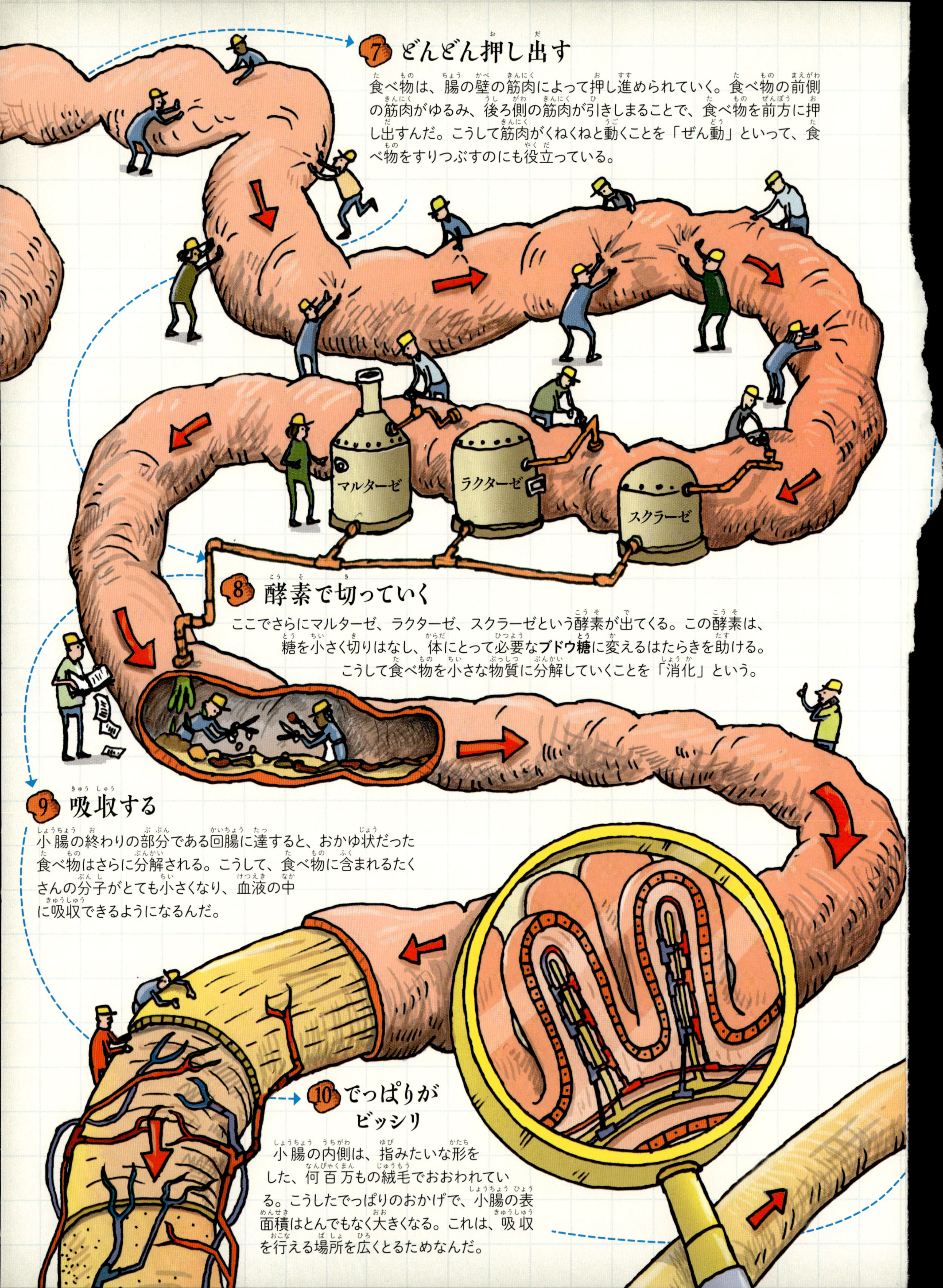

7 どんどん押し出す

食べ物は、腸の壁の筋肉によって押し進められていく。食べ物の前側の筋肉がゆるみ、後ろ側の筋肉が引きしまることで、食べ物を前方に押し出すんだ。こうして筋肉がくねくねと動くことを「ぜん動」といって、食べ物をすりつぶすのにも役立っている。

8 酵素で切っていく

ここでさらにマルターゼ、ラクターゼ、スクラーゼという酵素が出てくる。この酵素は、糖を小さく切りはなし、体にとって必要な**ブドウ糖**に変えるはたらきを助ける。こうして食べ物を小さな物質に分解していくことを「消化」という。

9 吸収する

小腸の終わりの部分である回腸に達すると、おかゆ状だった食べ物はさらに分解される。こうして、食べ物に含まれるたくさんの分子がとても小さくなり、血液の中に吸収できるようになるんだ。

10 でっぱりがビッシリ

小腸の内側は、指みたいな形をした、何百万もの絨毛でおおわれている。こうしたでっぱりのおかげで、小腸の表面積はとんでもなく大きくなる。これは、吸収を行える場所を広くとるためなんだ。

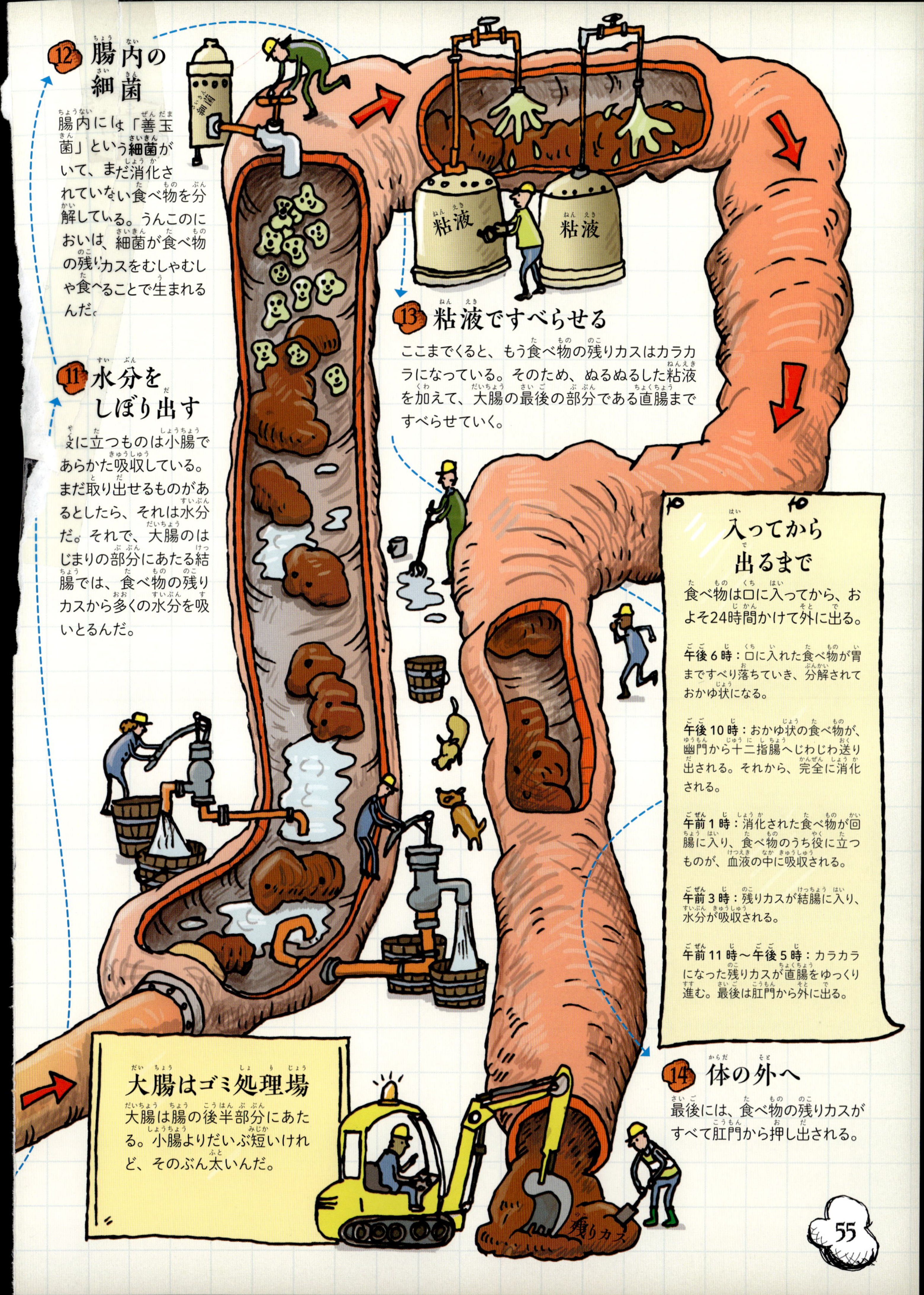

12 腸内の細菌
腸内には「善玉菌」という細菌がいて、まだ消化されていない食べ物を分解している。うんこのにおいは、細菌が食べ物の残りカスをむしゃむしゃ食べることで生まれるんだ。
細菌
粘液
粘液
13 粘液ですべらせる
ここまでくると、もう食べ物の残りカスはカラカラになっている。そのため、ぬるぬるした粘液を加えて、大腸の最後の部分である直腸まですべらせていく。
11 水分をしぼり出す
役に立つものは小腸であらかた吸収している。まだ取り出せるものがあるとしたら、それは水分だ。それで、大腸のはじまりの部分にあたる結腸では、食べ物の残りカスから多くの水分を吸いとるんだ。
入ってから出るまで
食べ物は口に入ってから、およそ24時間かけて外に出る。
午後6時：口に入れた食べ物が胃まですべり落ちていき、分解されておかゆ状になる。
午後10時：おかゆ状の食べ物が、幽門から十二指腸へじわじわ送り出される。それから、完全に消化される。
午前1時：消化された食べ物が回腸に入り、食べ物のうち役に立つものが、血液の中に吸収される。
午前3時：残りカスが結腸に入り、水分が吸収される。
午前11時～午後5時：カラカラになった残りカスが直腸をゆっくり進む。最後は肛門から外に出る。
大腸はゴミ処理場
大腸は腸の後半部分にあたる。小腸よりだいぶ短いけれど、そのぶん太いんだ。
14 体の外へ
最後には、食べ物の残りカスがすべて肛門から押し出される。
残りカス

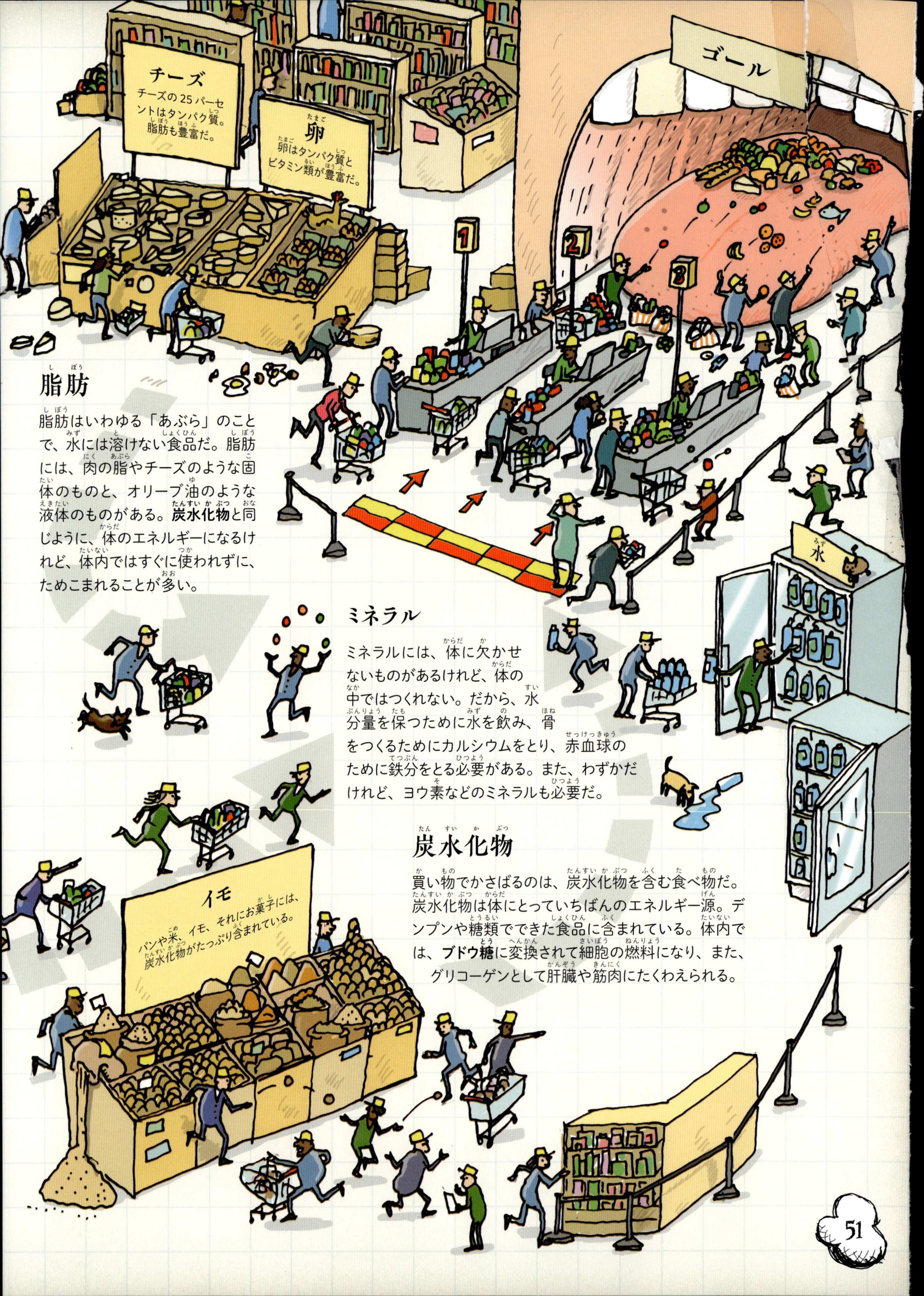

脂肪

脂肪はいわゆる「あぶら」のことで、水には溶けない食品だ。脂肪には、肉の脂やチーズのような固体のものと、オリーブ油のような液体のものがある。**炭水化物**と同じように、体のエネルギーになるけれど、体内ではすぐに使われずに、ためこまれることが多い。

ミネラル

ミネラルには、体に欠かせないものがあるけれど、体の中ではつくれない。だから、水分量を保つために水を飲み、骨をつくるためにカルシウムをとり、赤血球のために鉄分をとる必要がある。また、わずかだけれど、ヨウ素などのミネラルも必要だ。

炭水化物

買い物でかさばるのは、炭水化物を含む食べ物だ。炭水化物は体にとっていちばんのエネルギー源。デンプンや糖類でできた食品に含まれている。体内では、**ブドウ糖**に変換されて細胞の燃料になり、また、グリコーゲンとして肝臓や筋肉にたくわえられる。

↘筋肉の動きの多くは、意識することなく起こっている。これを反射といい、傷つく前に体がものすごい速さで危険に反応しているんだ。

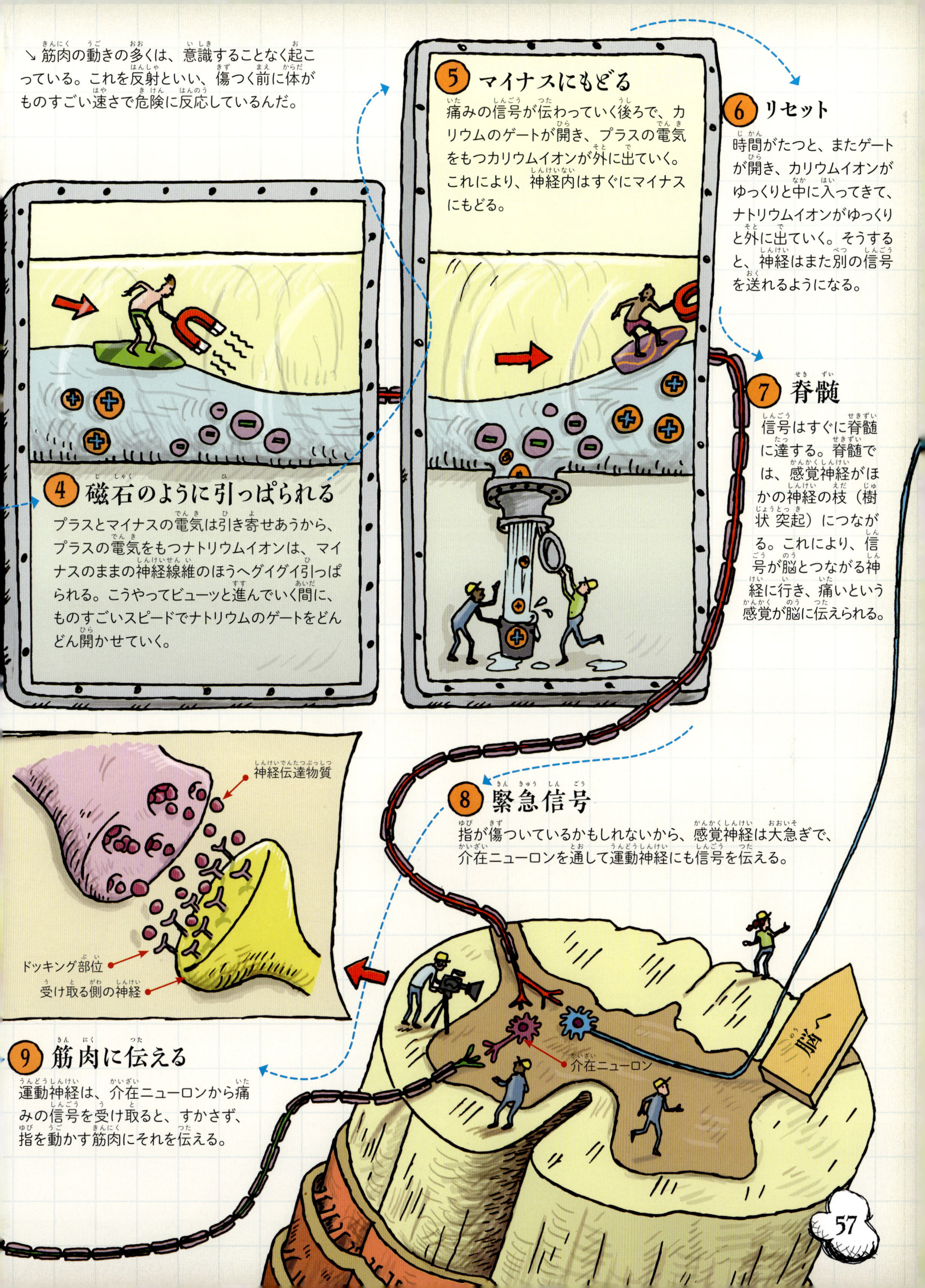

4 磁石のように引っぱられる

プラスとマイナスの電気は引き寄せあうから、プラスの電気をもつナトリウムイオンは、マイナスのままの神経線維のほうへグイグイ引っぱられる。こうやってビューッと進んでいく間に、ものすごいスピードでナトリウムのゲートをどんどん開かせていく。

5 マイナスにもどる

痛みの信号が伝わっていく後ろで、カリウムのゲートが開き、プラスの電気をもつカリウムイオンが外に出ていく。これにより、神経内はすぐにマイナスにもどる。

6 リセット

時間がたつと、またゲートが開き、カリウムイオンがゆっくりと中に入ってきて、ナトリウムイオンがゆっくりと外に出ていく。そうすると、神経はまた別の信号を送れるようになる。

7 脊髄

信号はすぐに脊髄に達する。脊髄では、感覚神経がほかの神経の枝（樹状 突起）につながる。これにより、信号が脳とつながる神経に行き、痛いという感覚が脳に伝えられる。

8 緊急信号

指が傷ついているかもしれないから、感覚神経は大急ぎで、介在ニューロンを通して運動神経にも信号を伝える。

9 筋肉に伝える

運動神経は、介在ニューロンから痛みの信号を受け取ると、すかさず、指を動かす筋肉にそれを伝える。

どうやって見えているの？

きみの目は、高性能レンズが組みこまれたカメラだ。このレンズは、世界をとんでもなくきれいに写し取る。両方の目の後ろには、脳の視覚処理システムがあって、映像をすぐさま、視覚として感じられるようにするんだ。

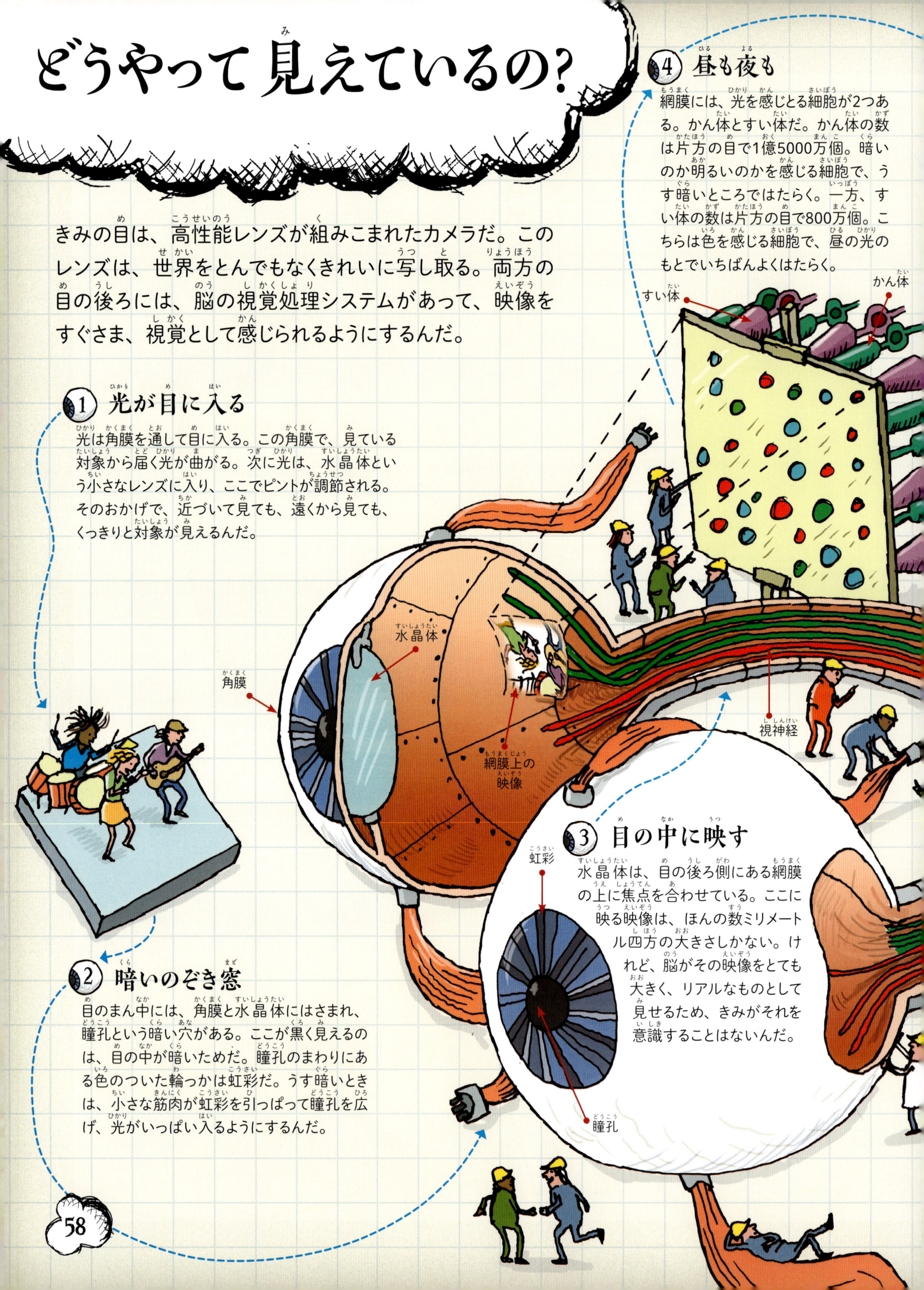

① 光が目に入る

光は角膜を通して目に入る。この角膜で、見ている対象から届く光が曲がる。次に光は、水晶体という小さなレンズに入り、ここでピントが調節される。そのおかげで、近づいて見ても、遠くから見ても、くっきりと対象が見えるんだ。

② 暗いのぞき窓

目のまん中には、角膜と水晶体にはさまれ、瞳孔という暗い穴がある。ここが黒く見えるのは、目の中が暗いためだ。瞳孔のまわりにある色のついた輪っかは虹彩だ。うす暗いときは、小さな筋肉が虹彩を引っぱって瞳孔を広げ、光がいっぱい入るようにするんだ。

③ 目の中に映す

水晶体は、目の後ろ側にある網膜の上に焦点を合わせている。ここに映る映像は、ほんの数ミリメートル四方の大きさしかない。けれど、脳がその映像をとても大きく、リアルなものとして見せるため、きみがそれを意識することはないんだ。

④ 昼も夜も

網膜には、光を感じとる細胞が2つある。かん体とすい体だ。かん体の数は片方の目で1億5000万個。暗いのか明るいのかを感じる細胞で、うす暗いところではたらく。一方、すい体の数は片方の目で800万個。こちらは色を感じる細胞で、昼の光のもとでいちばんよくはたらく。

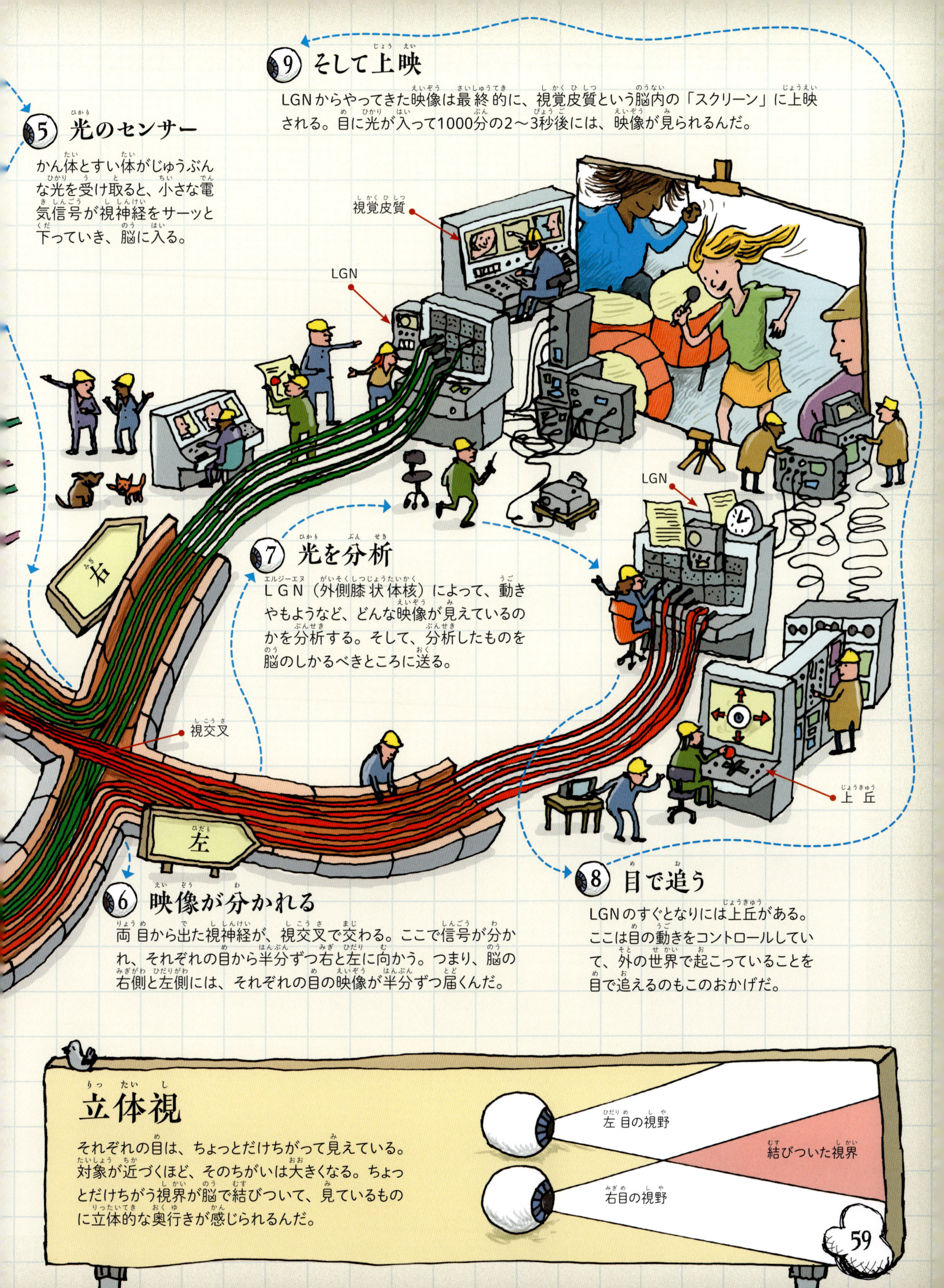

5 光のセンサー

かん体とすい体がじゅうぶんな光を受け取ると、小さな電気信号が視神経をサーッと下っていき、脳に入る。

6 映像が分かれる

両目から出た視神経が、視交叉で交わる。ここで信号が分かれ、それぞれの目から半分ずつ右と左に向かう。つまり、脳の右側と左側には、それぞれの目の映像が半分ずつ届くんだ。

7 光を分析

LGN（外側膝状体核）によって、動きやもようなど、どんな映像が見えているのかを分析する。そして、分析したものを脳のしかるべきところに送る。

8 目で追う

LGNのすぐとなりには上丘がある。ここは目の動きをコントロールしていて、外の世界で起こっていることを目で追えるのもこのおかげだ。

9 そして上映

LGNからやってきた映像は最終的に、視覚皮質という脳内の「スクリーン」に上映される。目に光が入って1000分の2～3秒後には、映像が見られるんだ。

立体視

それぞれの目は、ちょっとだけちがって見えている。対象が近づくほど、そのちがいは大きくなる。ちょっとだけちがう視界が脳で結びついて、見ているものに立体的な奥行きが感じられるんだ。

耳はどんなはたらきをしているの？

音とは、空気のふるえ（振動）のことで、音のちがいは「ふるえ」が大きいか小さいか、速いか遅いかだ。ギターが鳴るとき、実際に弦がふるえるのを目にすることも多いだろう。あの振動が空気に伝わり、空気の振動になるんだ。それはほかの音でも変わらない。きみの耳は、こうした見えない振動＊をキャッチする、とても感度のいいマシンなんだ。

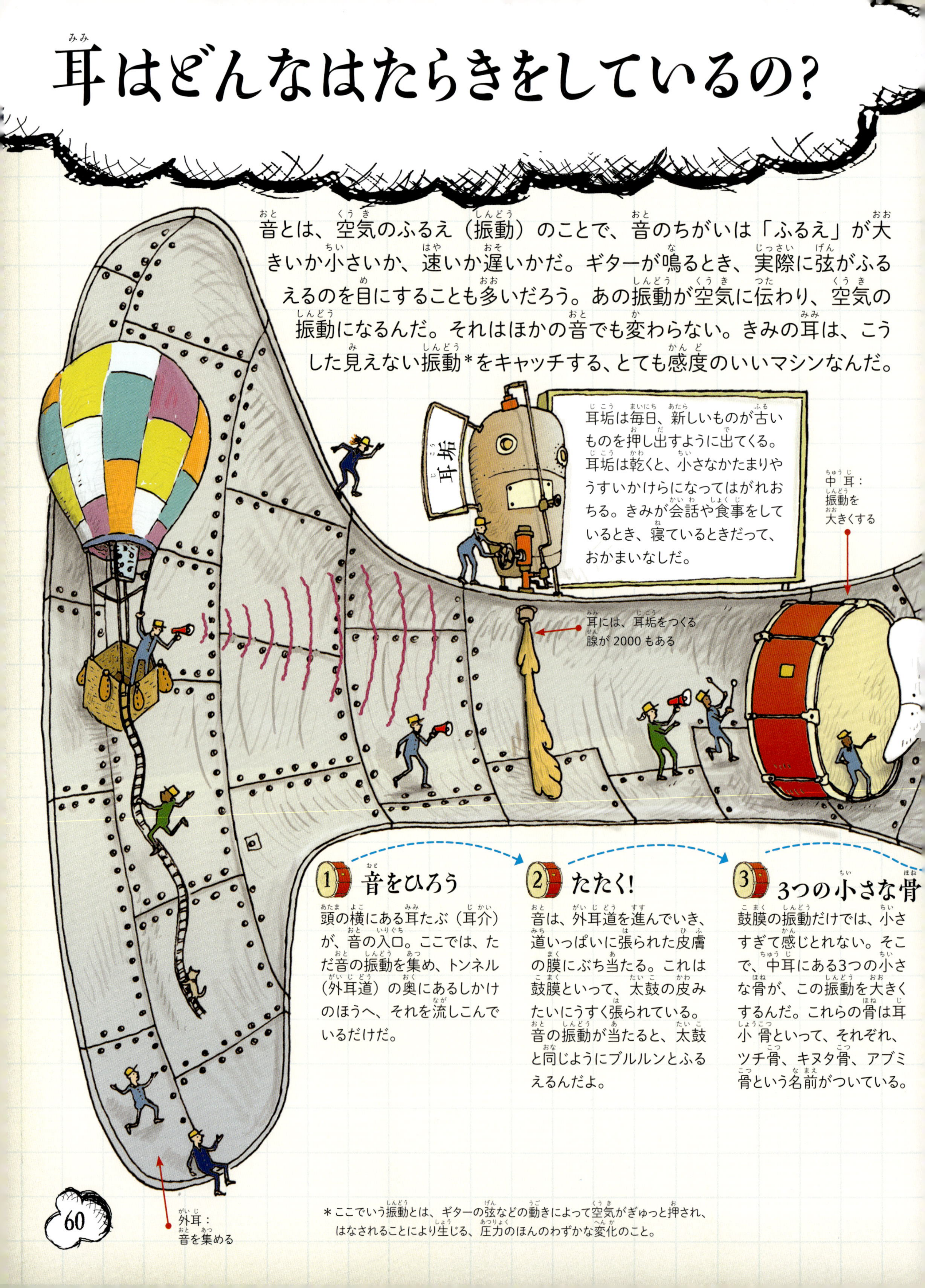

1 音をひろう

頭の横にある耳たぶ（耳介）が、音の入口。ここでは、ただ音の振動を集め、トンネル（外耳道）の奥にあるしかけのほうへ、それを流しこんでいるだけだ。

2 たたく！

音は、外耳道を進んでいき、道いっぱいに張られた皮膚の膜にぶち当たる。これは鼓膜といって、太鼓の皮みたいにうすく張られている。音の振動が当たると、太鼓と同じようにブルルンとふるえるんだよ。

3 3つの小さな骨

鼓膜の振動だけでは、小さすぎて感じとれない。そこで、中耳にある3つの小さな骨が、この振動を大きくするんだ。これらの骨は耳小骨といって、それぞれ、ツチ骨、キヌタ骨、アブミ骨という名前がついている。

＊ここでいう振動とは、ギターの弦などの動きによって空気がぎゅっと押され、はなされることにより生じる、圧力のほんのわずかな変化のこと。

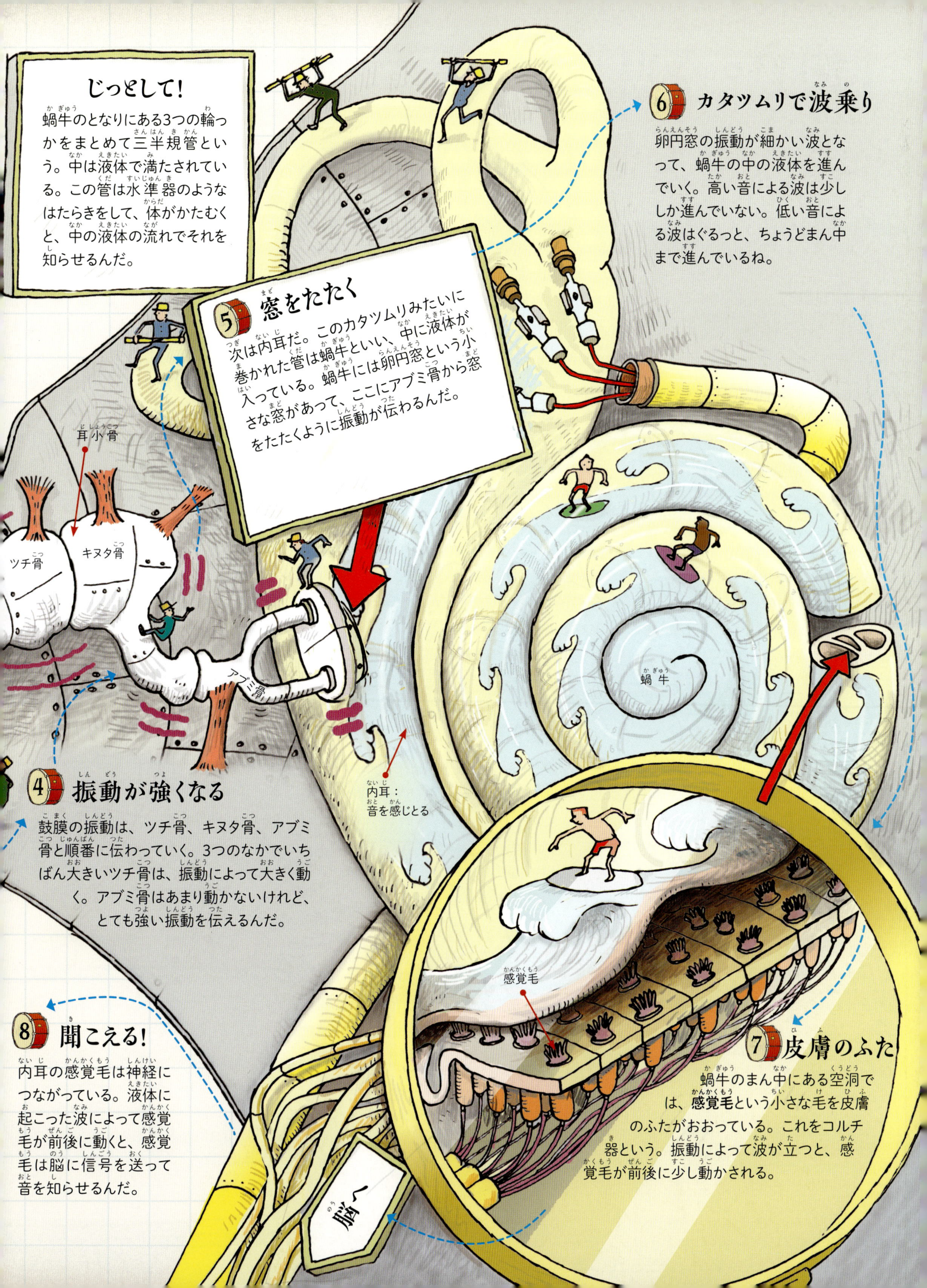
じっとして!
蝸牛のとなりにある3つの輪っかをまとめて三半規管という。中は液体で満たされている。この管は水準器のようなはたらきをして、体がかたむくと、中の液体の流れでそれを知らせるんだ。
5 窓をたたく
次は内耳だ。このカタツムリみたいに巻かれた管は蝸牛といい、中に液体が入っている。蝸牛には卵円窓という小さな窓があって、ここにアブミ骨から窓をたたくように振動が伝わるんだ。
6 カタツムリで波乗り
卵円窓の振動が細かい波となって、蝸牛の中の液体を進んでいく。高い音による波は少ししか進んでいない。低い音による波はぐるっと、ちょうどまん中まで進んでいるね。
耳小骨
ツチ骨
キヌタ骨
アブミ骨
蝸牛
内耳：
音を感じとる
4 振動が強くなる
鼓膜の振動は、ツチ骨、キヌタ骨、アブミ骨と順番に伝わっていく。3つのなかでいちばん大きいツチ骨は、振動によって大きく動く。アブミ骨はあまり動かないけれど、とても強い振動を伝えるんだ。
感覚毛
8 聞こえる!
内耳の感覚毛は神経につながっている。液体に起こった波によって感覚毛が前後に動くと、感覚毛は脳に信号を送って音を知らせるんだ。
7 皮膚のふた
蝸牛のまん中にある空洞では、感覚毛という小さな毛を皮膚のふたがおおっている。これをコルチ器という。振動によって波が立つと、感覚毛が前後に少し動かされる。
脳へ

においや味はどうやって感じるの？

きみの鼻は、化学物質を感じとるすぐれた装置だ。かぎわけられる化学物質は3000種類以上。空気中に無数にただよう分子のなかから、ほんのわずかな分子をさがしあてることができるんだ。また、きみの舌も化学物質を感じとっている。食べ物の味は、鼻と舌で感じているんだよ。

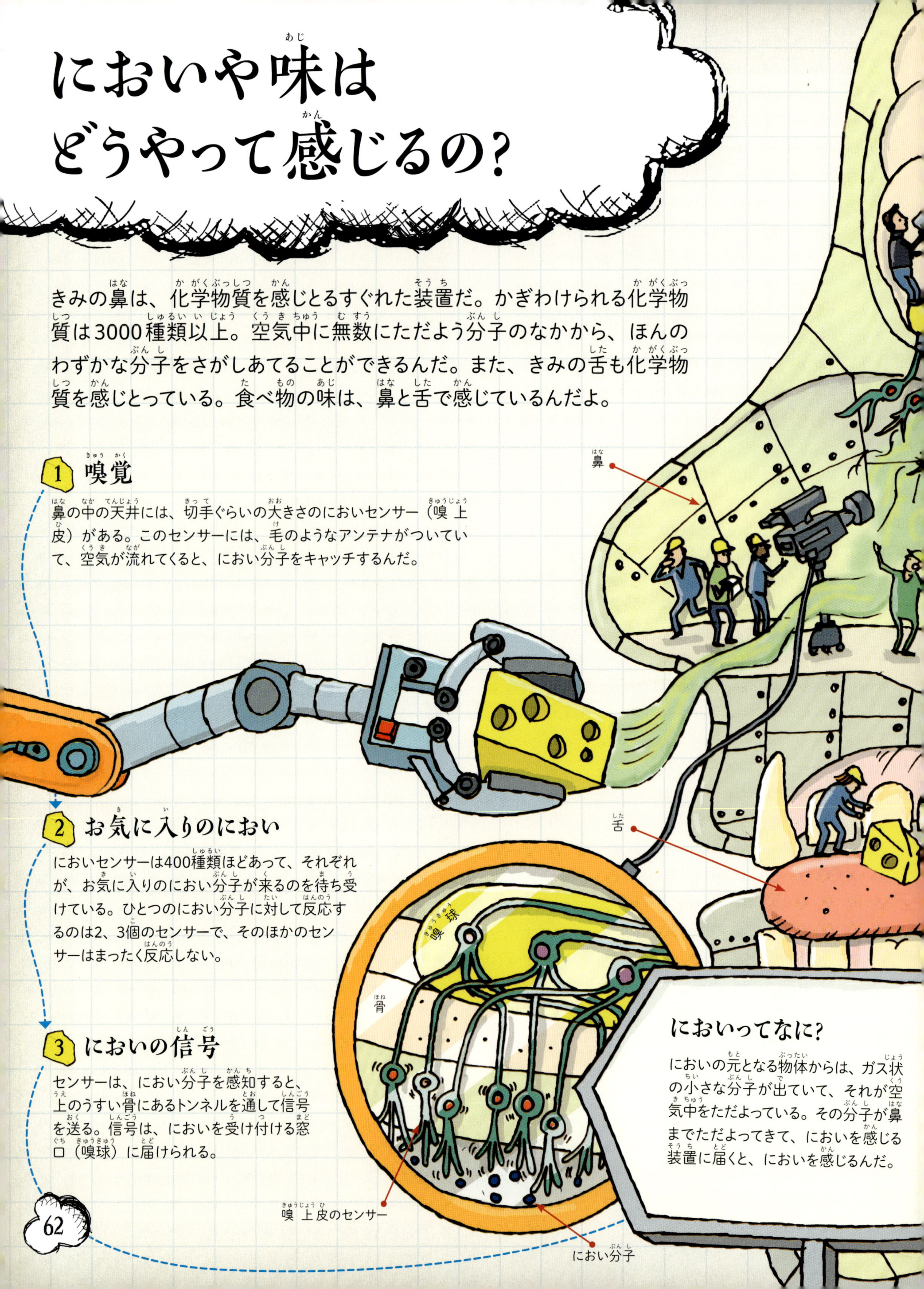

1 嗅覚

鼻の中の天井には、切手ぐらいの大きさのにおいセンサー（嗅上皮）がある。このセンサーには、毛のようなアンテナがついていて、空気が流れてくると、におい分子をキャッチするんだ。

2 お気に入りのにおい

においセンサーは400種類ほどあって、それぞれが、お気に入りのにおい分子が来るのを待ち受けている。ひとつのにおい分子に対して反応するのは2、3個のセンサーで、そのほかのセンサーはまったく反応しない。

3 においの信号

センサーは、におい分子を感知すると、上のうすい骨にあるトンネルを通して信号を送る。信号は、においを受け付ける窓口（嗅球）に届けられる。

においってなに？

においの元となる物体からは、ガス状の小さな分子が出ていて、それが空気中をただよっている。その分子が鼻までただよってきて、においを感じる装置に届くと、においを感じるんだ。

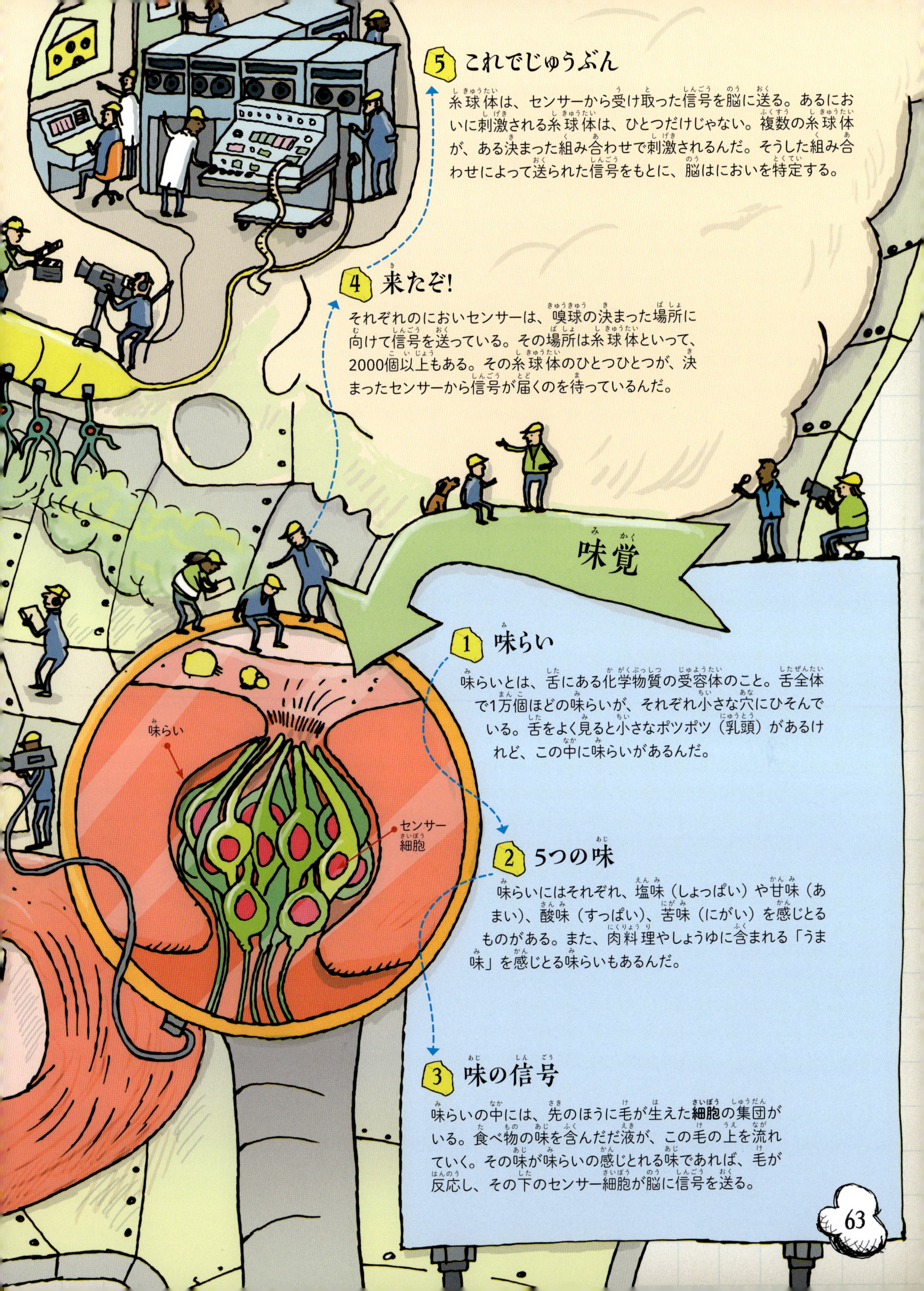

5 これでじゅうぶん

糸球体は、センサーから受け取った信号を脳に送る。あるにおいに刺激される糸球体は、ひとつだけじゃない。複数の糸球体が、ある決まった組み合わせで刺激されるんだ。そうした組み合わせによって送られた信号をもとに、脳はにおいを特定する。

4 来たぞ!

それぞれのにおいセンサーは、嗅球の決まった場所に向けて信号を送っている。その場所は糸球体といって、2000個以上もある。その糸球体のひとつひとつが、決まったセンサーから信号が届くのを待っているんだ。

味覚

1 味らい

味らいとは、舌にある化学物質の受容体のこと。舌全体で1万個ほどの味らいが、それぞれ小さな穴にひそんでいる。舌をよく見ると小さなポツポツ（乳頭）があるけれど、この中に味らいがあるんだ。

2 5つの味

味らいにはそれぞれ、塩味（しょっぱい）や甘味（あまい）、酸味（すっぱい）、苦味（にがい）を感じとるものがある。また、肉料理やしょうゆに含まれる「うま味」を感じとる味らいもあるんだ。

3 味の信号

味らいの中には、先のほうに毛が生えた**細胞**の集団がいる。食べ物の味を含んだだ液が、この毛の上を流れていく。その味が味らいの感じとれる味であれば、毛が反応し、その下のセンサー細胞が脳に信号を送る。

人はどうやって考えているの?

きみの脳はすばらしいコンピュータだ。脳は1000億個もの神経細胞でできている。1個の**細胞**はほかの細胞と何千ものつながりをつくるため、神経の信号が伝わるルートは何兆にもおよぶんだ。きみがきちんとものを考えられるのも、すべてはこのネットワークのおかげだ。

思考を生み出すもの

じつは、脳の85パーセントは水で、脂肪もかなり含んでいる。けれど、大事なのは神経細胞だ。神経細胞は、支持細胞によってギュッとひとまとめにされている。思考はすべて、この神経細胞のネットワークを高速で通る信号によって生まれているんだ。

考えてる?

しわの寄った外側の層(皮質)では、意識的な思考が行われている。つまり、きみが「何かを考える」と言ったときに使っているところだ。ところが、脳のもっと深いところでは、きみの意識しない思考が行われているんだ!

2つに分かれる

大脳は右脳と左脳の2つに分かれており、その間を神経線維の束がつないでいる。左脳は論理的なことや細かい作業を行うのに使われ、右脳は感情の動きに使われることが多いと、考える人もいる。

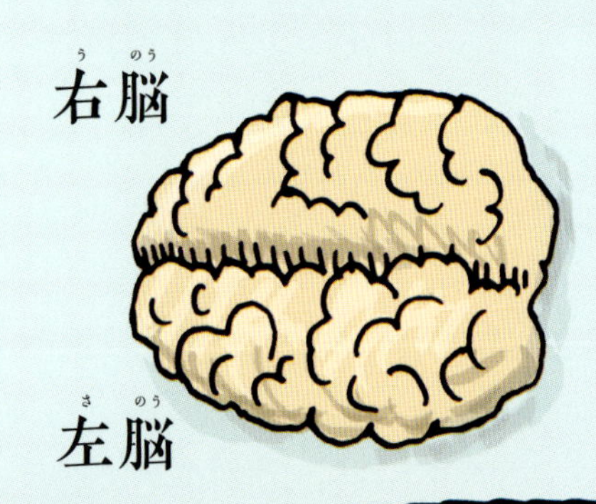

考えよう

思考とは、脳の中をビュンビュン通る神経の信号だ。話したり考えたり、笑ったり泣いたり、好きになったり嫌いになったりといった、きみをきみらしくしているあらゆることを行えるのも、この信号のおかげだ。きみが何を考えるかは、信号がどの経路を通るかによるんだ。経路は何回も使っているうちに、より強くなり、信号がより高速に通るようになる。あまり使っていない経路は、なくなってしまうことも多いんだよ。

どのようにして病気になるの？

病気になるのはいいことじゃない。ガンみたいに、体の中に問題があることもある。けれど、問題はほとんど外からやってくる。**細菌**や**ウイルス**のような微生物に攻撃されるんだ。そうした攻撃を受けても、きみの体はだいたい追い返せる。けれど、追い返せないこともあって、そのときみは病気になる。

細菌

細菌は微生物のなかでも、よく知られていて、何千種類もの細菌が存在する。どんな細菌も、たったひとつの**細胞**でできていて、ものすごい速さでふえていくんだ。

ほとんどの微生物はくしゃみ、せき、あるいは呼吸をしただけでも空気を通して広がっていく

らせん菌

らせん菌は、らせん状の短いひものような形をしている。きちんと調理されていない貝やカニなどを食べたときや、古くなった水を飲んだときに、体に入ってくる。そして下痢や腹痛を引き起こす。

球菌

球菌は丸くふくらんだ細菌だ。無害なものが鼻のあたりにいたりする。つまり、広がりやすいということでもある。しかし球菌は、肺炎、しょうこう熱、髄膜炎といった、すごくやっかいな病気を引き起こす可能性がある。

細菌は食べ物によっても広まる。生ものはとくに注意が必要だ

桿菌

桿菌は細長い棒みたいな形をしている。破傷風、チフス、結核、百日ぜき、ジフテリアなど、ひどい病気を引き起こす。あっち行ってくれ！

カビなどにも注意！
カビの胞子や原生動物が原因で病気になることもある。

どうやって病気はよくなるの？

体が微生物の攻撃を受けると、**免疫系**の兵士たちが立ち向かう。免疫系はすごくよくできていて、そのしくみについては、まだわかりはじめたばかりなんだ。

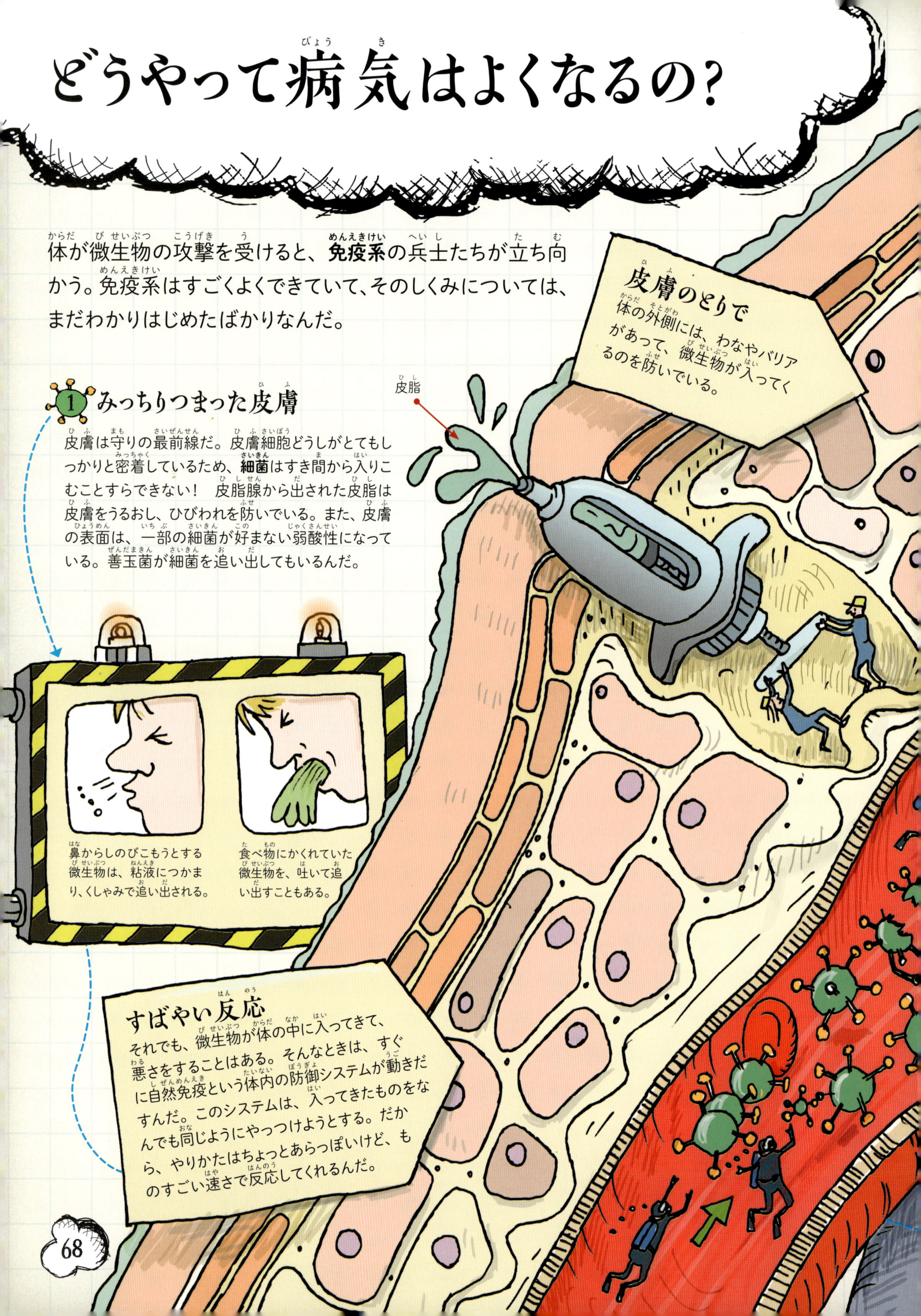

1 みっちりつまった皮膚

皮膚は守りの最前線だ。皮膚細胞どうしがとてもしっかりと密着しているため、**細菌**はすき間から入りこむことすらできない！　皮脂腺から出された皮脂は皮膚をうるおし、ひびわれを防いでいる。また、皮膚の表面は、一部の細菌が好まない弱酸性になっている。善玉菌が細菌を追い出してもいるんだ。

鼻からしのびこもうとする微生物は、粘液につかまり、くしゃみで追い出される。

食べ物にかくれていた微生物を、吐いて追い出すこともある。

皮膚のとりで

体の外側には、わなやバリアがあって、微生物が入ってくるのを防いでいる。

すばやい反応

それでも、微生物が体の中に入ってきて、悪さをすることはある。そんなときは、すぐに自然免疫という体内の防御システムが動きだすんだ。このシステムは、入ってきたものをなんでも同じようにやっつけようとする。だから、やりかたはちょっとあらっぽいけど、ものすごい速さで反応してくれるんだ。

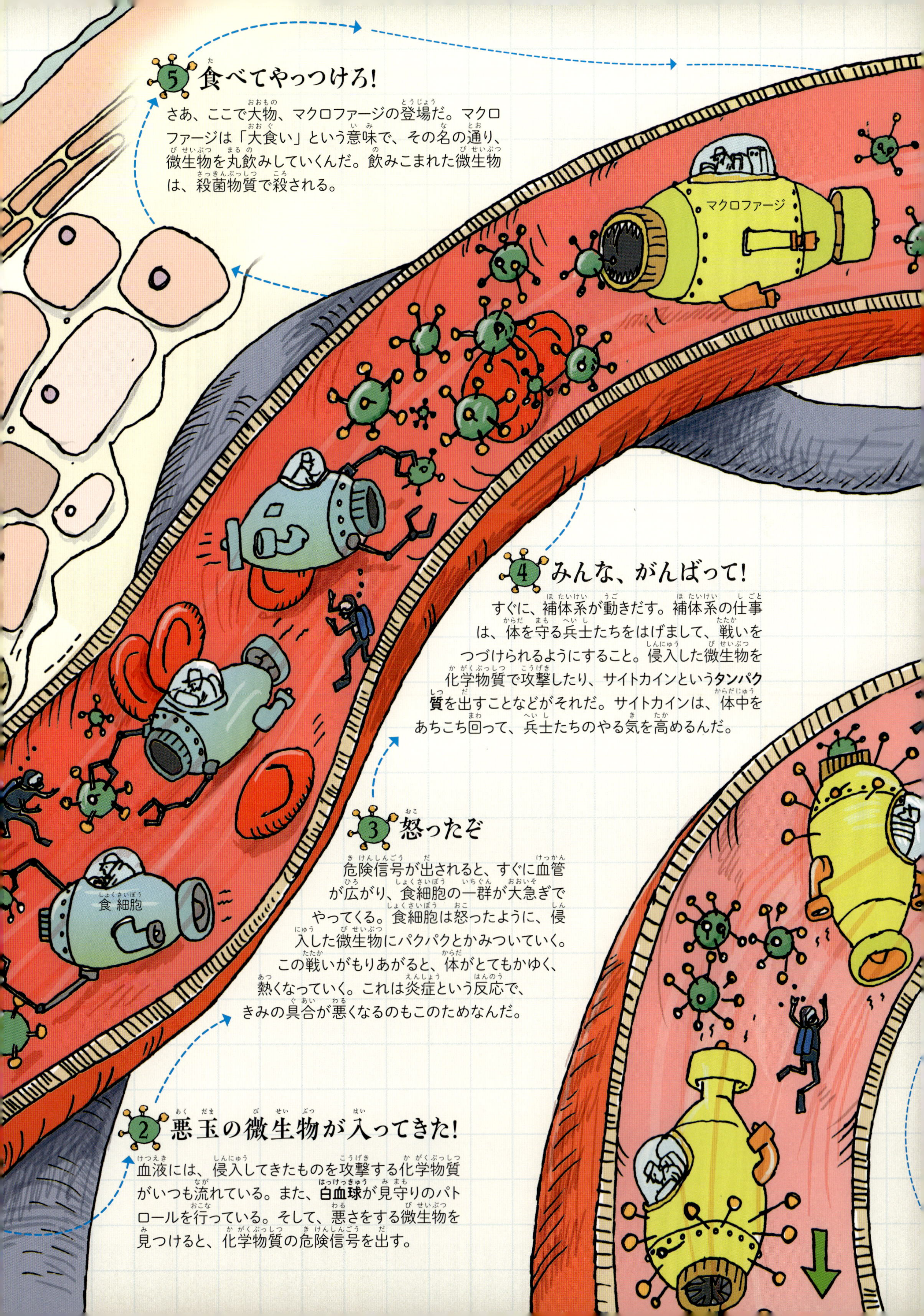

2 悪玉の微生物が入ってきた!

血液には、侵入してきたものを攻撃する化学物質がいつも流れている。また、**白血球**が見守りのパトロールを行っている。そして、悪さをする微生物を見つけると、化学物質の危険信号を出す。

3 怒ったぞ

危険信号が出されると、すぐに血管が広がり、食細胞の一群が大急ぎでやってくる。食細胞は怒ったように、侵入した微生物にパクパクとかみついていく。この戦いがもりあがると、体がとてもかゆく、熱くなっていく。これは炎症という反応で、きみの具合が悪くなるのもこのためなんだ。

4 みんな、がんばって!

すぐに、補体系が動きだす。補体系の仕事は、体を守る兵士たちをはげまして、戦いをつづけられるようにすること。侵入した微生物を化学物質で攻撃したり、サイトカインという**タンパク質**を出すことなどがそれだ。サイトカインは、体中をあちこち回って、兵士たちのやる気を高めるんだ。

5 食べてやっつけろ!

さあ、ここで大物、マクロファージの登場だ。マクロファージは「大食い」という意味で、その名の通り、微生物を丸飲みしていくんだ。飲みこまれた微生物は、殺菌物質で殺される。

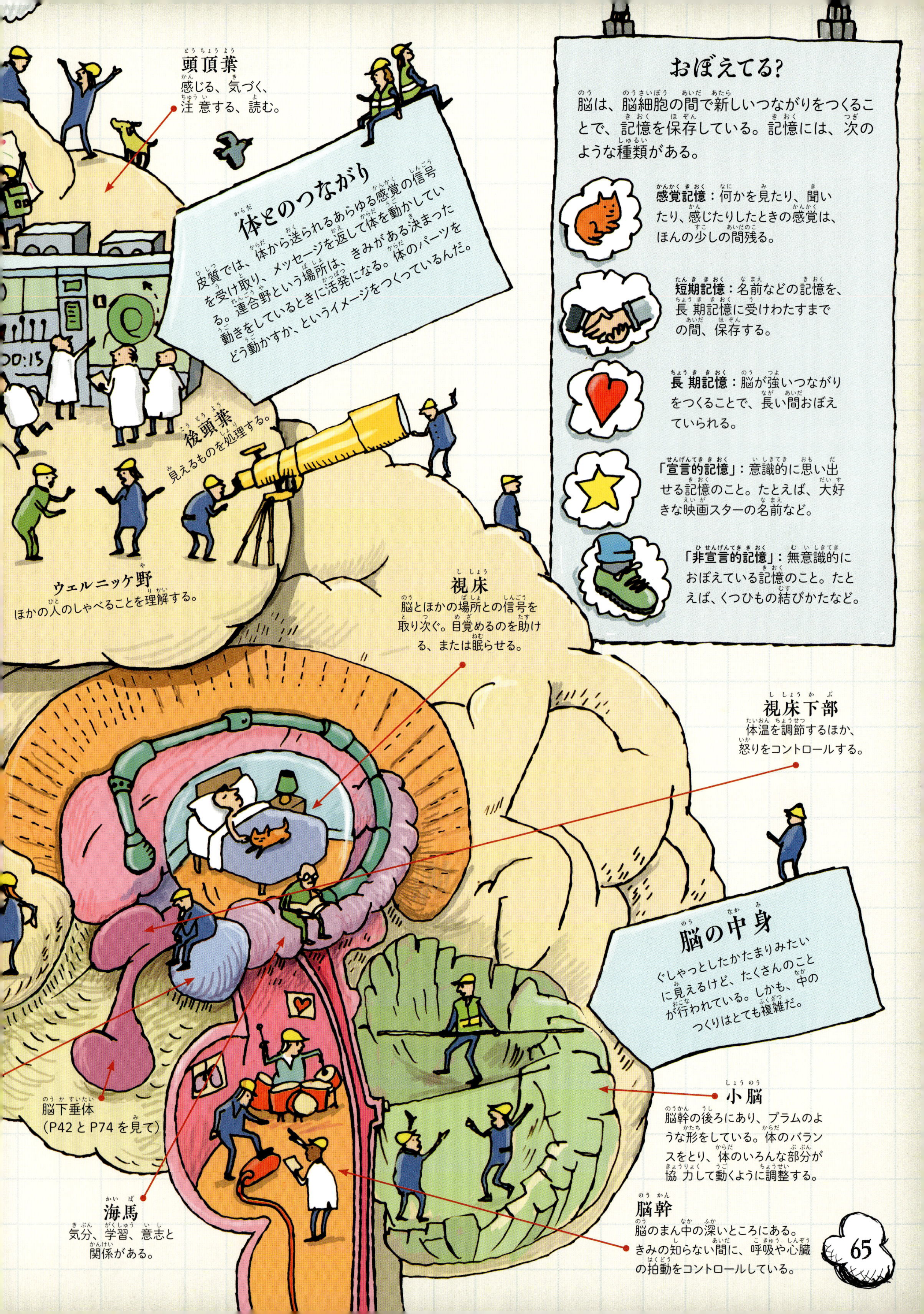
頭頂葉
感じる、気づく、注意する、読む。
体とのつながり
皮質では、体から送られるあらゆる感覚の信号を受け取り、メッセージを返して体を動かしている。連合野という場所は、きみがある決まった動きをしているときに活発になる。体のパーツをどう動かすか、というイメージをつくっているんだ。
00:15
後頭葉
見えるものを処理する。
ウェルニッケ野
ほかの人のしゃべることを理解する。
視床
脳とほかの場所との信号を取り次ぐ。目覚めるのを助ける、または眠らせる。
おぼえてる?
脳は、脳細胞の間で新しいつながりをつくることで、記憶を保存している。記憶には、次のような種類がある。
感覚記憶：何かを見たり、聞いたり、感じたりしたときの感覚は、ほんの少しの間残る。
短期記憶：名前などの記憶を、長期記憶に受けわたすまでの間、保存する。
長期記憶：脳が強いつながりをつくることで、長い間おぼえていられる。
「宣言的記憶」：意識的に思い出せる記憶のこと。たとえば、大好きな映画スターの名前など。
「非宣言的記憶」：無意識的におぼえている記憶のこと。たとえば、くつひもの結びかたなど。
視床下部
体温を調節するほか、怒りをコントロールする。
脳の中身
ぐしゃっとしたかたまりみたいに見えるけど、たくさんのことが行われている。しかも、中のつくりはとても複雑だ。
小脳
脳幹の後ろにあり、プラムのような形をしている。体のバランスをとり、体のいろんな部分が協力して動くように調整する。
脳下垂体
(P42とP74を見て)
海馬
気分、学習、意志と関係がある。
脳幹
脳のまん中の深いところにある。きみの知らない間に、呼吸や心臓の拍動をコントロールしている。

子どもが両親に似るのは、どうして？

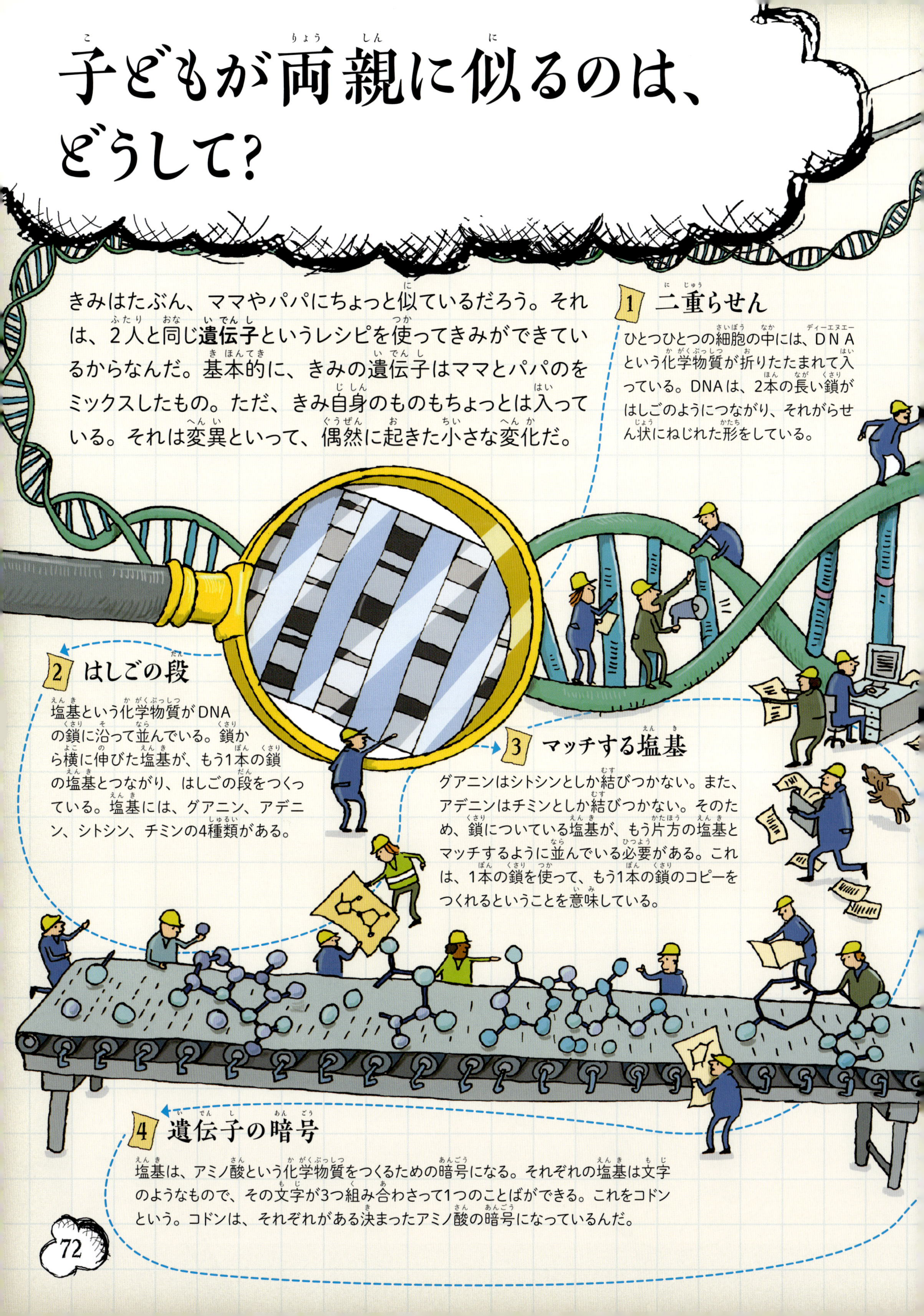

きみはたぶん、ママやパパにちょっと似ているだろう。それは、2人と同じ**遺伝子**というレシピを使ってきみができているからなんだ。基本的に、きみの遺伝子はママとパパのをミックスしたもの。ただ、きみ自身のものもちょっとは入っている。それは変異といって、偶然に起きた小さな変化だ。

1 二重らせん

ひとつひとつの細胞の中には、DNAという化学物質が折りたたまれて入っている。DNAは、2本の長い鎖がはしごのようにつながり、それがらせん状にねじれた形をしている。

2 はしごの段

塩基という化学物質がDNAの鎖に沿って並んでいる。鎖から横に伸びた塩基が、もう1本の鎖の塩基とつながり、はしごの段をつくっている。塩基には、グアニン、アデニン、シトシン、チミンの4種類がある。

3 マッチする塩基

グアニンはシトシンとしか結びつかない。また、アデニンはチミンとしか結びつかない。そのため、鎖についている塩基が、もう片方の塩基とマッチするように並んでいる必要がある。これは、1本の鎖を使って、もう1本の鎖のコピーをつくれるということを意味している。

4 遺伝子の暗号

塩基は、アミノ酸という化学物質をつくるための暗号になる。それぞれの塩基は文字のようなもので、その文字が3つ組み合わさって1つのことばができる。これをコドンという。コドンは、それぞれがある決まったアミノ酸の暗号になっているんだ。

6 やられた！

細菌がいっぱいふえて、食細胞たちを圧倒することもある。戦いで傷ついたものたちは、体の排水管である**リンパ系**に流される。さらには、**ウイルス**が体の中の**細胞**に入って、かくれてしまうこともある。すぐに、助けをよばなければ……。

7 味方か敵か

免疫系が細胞を攻撃したらイヤだろう。さいわい、どんな微生物や異物にも抗原というIDタグがついている。マクロファージは、ウイルスを食べると、抗原を吐き出して表面に提示するんだ。

ねらいうち

ここでいよいよ、相手をねらいうちするすごいヤツら（適応免疫系）の出番だ。動きだすのに少し時間がかかるけれど、微生物を確認したら忘れない。おかげで、その微生物がまた体の中に入ってこようとしたとき、すばやく反応できる。こっそり入ってくるウイルスにも対応可能だ。

8 侵入者をチェック

リンパ系には、異物をチェックするリンパ節という場所がある。ここでは、白血球の1つである**リンパ球**が、侵入者を示す抗原がないかをさがしている。

9 抗原につながる

白血球の1つのヘルパーT細胞は、マクロファージの表面にある抗原に目を配っている。ヘルパーT細胞には、微生物の種類に応じてそれぞれ担当がある。自分の担当の抗原を見つけると、しっかりとそれにつながるんだ。

10 立ち上がれ！

ヘルパーT細胞は、抗原につながると、興奮してふえていく。そして、化学物質を出して、B細胞やキラーT細胞といったほかの白血球を興奮させるんだ。

おぼえておいて……

こうして細菌やウイルスをやっつけると、きみは回復に向かう。けれど、記憶細胞はまだうろうろしている。この細胞たちは、また同じ微生物が入ってこようとしたときに、すぐさま強力な攻撃をしかけられるよう、体内に残っているんだ。ワクチンはこのしくみを利用したもので、菌に軽く感染させて記憶細胞をつくりだし、実際にその菌から攻撃を受けたときにすばやく対応できるようにしている。

14 しのびこむウイルス

キラーT細胞は、細胞にしのびこんだウイルスに対応する。ウイルスは、しのびこんだ細胞の外に抗原を残している。キラーT細胞はこれを見つけ、細胞につながると、有毒な物質をたくさん注いで、細胞もウイルスも殺してしまうんだ。

13 捕獲！

抗体が微生物や異物の抗原をつかまえる。抗体によって味つけされた微生物は、食細胞のごちそうに変わるんだ。食細胞は、マクロファージのように、抗体のついた微生物を飲みこんでしまう。

12 抗体という銃

形質細胞は、**抗体**という小さな物質をたくさんつくる。抗体はラベルのようなもので、微生物のひとつひとつに合わせてつくられている。10億種類以上もあると考えられているんだ！

11 B細胞

ヘルパーT細胞と同じで、どんな微生物や異物にも担当のB細胞がいる。逃げ出した微生物に対応するのもB細胞だ。B細胞は、担当の微生物に出あうと、ヘルパーT細胞の出した化学物質に反応する。それから、数がふえて、形質細胞と記憶細胞に分かれていく。

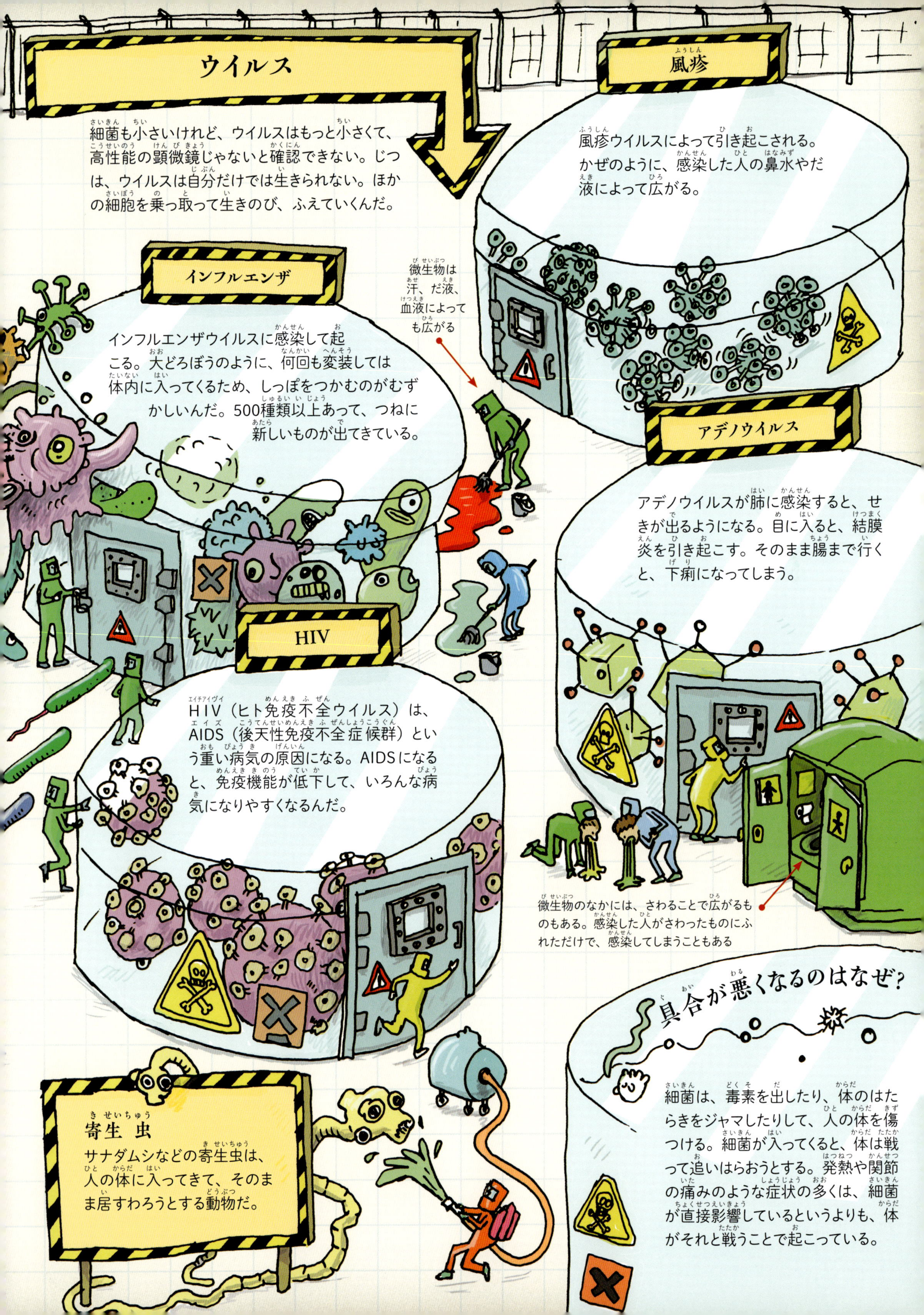
ウイルス
細菌も小さいけれど、ウイルスはもっと小さくて、高性能の顕微鏡じゃないと確認できない。じつは、ウイルスは自分だけでは生きられない。ほかの細胞を乗っ取って生きのび、ふえていくんだ。
風疹
風疹ウイルスによって引き起こされる。かぜのように、感染した人の鼻水やだ液によって広がる。
インフルエンザ
インフルエンザウイルスに感染して起こる。大どろぼうのように、何回も変装しては体内に入ってくるため、しっぽをつかむのがむずかしいんだ。500種類以上あって、つねに新しいものが出てきている。
微生物は汗、だ液、血液によっても広がる
アデノウイルス
アデノウイルスが肺に感染すると、せきが出るようになる。目に入ると、結膜炎を引き起こす。そのまま腸まで行くと、下痢になってしまう。
HIV
HIV（ヒト免疫不全ウイルス）は、AIDS（後天性免疫不全症候群）という重い病気の原因になる。AIDSになると、免疫機能が低下して、いろんな病気になりやすくなるんだ。
微生物のなかには、さわることで広がるものもある。感染した人がさわったものにふれただけで、感染してしまうこともある
具合が悪くなるのはなぜ？
細菌は、毒素を出したり、体のはたらきをジャマしたりして、人の体を傷つける。細菌が入ってくると、体は戦って追いはらおうとする。発熱や関節の痛みのような症状の多くは、細菌が直接影響しているというよりも、体がそれと戦うことで起こっている。
寄生虫
サナダムシなどの寄生虫は、人の体に入ってきて、そのまま居すわろうとする動物だ。

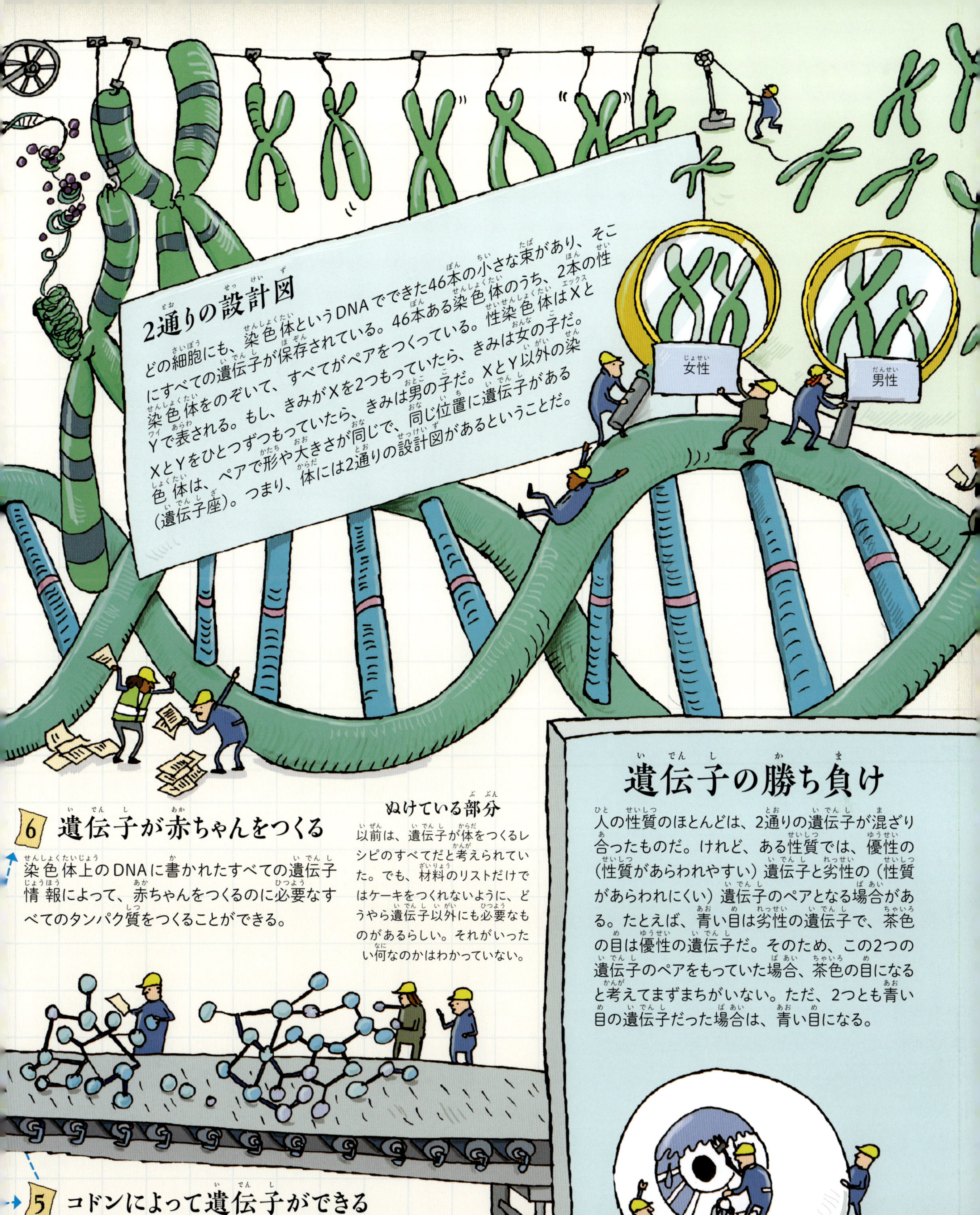

2通りの設計図

どの細胞にも、染色体というDNAでできた46本の小さな束があり、そこにすべての遺伝子が保存されている。46本ある染色体のうち、2本の性染色体をのぞいて、すべてがペアをつくっている。性染色体はXとYで表される。もし、きみがXを2つもっていたら、きみは女の子だ。XとYをひとつずつもっていたら、きみは男の子だ。XとY以外の染色体は、ペアで形や大きさが同じで、同じ位置に遺伝子がある（遺伝子座）。つまり、体には2通りの設計図があるということだ。

6 遺伝子が赤ちゃんをつくる

染色体上のDNAに書かれたすべての遺伝子情報によって、赤ちゃんをつくるのに必要なすべてのタンパク質をつくることができる。

ぬけている部分

以前は、遺伝子が体をつくるレシピのすべてだと考えられていた。でも、材料のリストだけではケーキをつくれないように、どうやら遺伝子以外にも必要なものがあるらしい。それがいったい何なのかはわかっていない。

5 コドンによって遺伝子ができる

コドンが並ぶと、文章のようになる。その文章ひとつひとつが遺伝子だ。それぞれの文章は、ある**タンパク質**をつくるのに必要なアミノ酸の組み合わせを示しているんだ。

遺伝子の勝ち負け

人の性質のほとんどは、2通りの遺伝子が混ざり合ったものだ。けれど、ある性質では、優性の（性質があらわれやすい）遺伝子と劣性の（性質があらわれにくい）遺伝子のペアとなる場合がある。たとえば、青い目は劣性の遺伝子で、茶色の目は優性の遺伝子だ。そのため、この2つの遺伝子のペアをもっていた場合、茶色の目になると考えてまずまちがいない。ただ、2つとも青い目の遺伝子だった場合は、青い目になる。

男の子と女の子ってなにがちがうの？

小さな子どものころは、男の子も女の子も、同じように体がはたらいている。見た目がちがうし、もってる性器がちがうけれど、体のシステムは同じだ。これが、思春期になると変わってくる。思春期には、生殖器（子どもをつくるところ）のシステムがしっかり発達しはじめるんだ。

1 ホルモンが出る

すべてがはじまるのは、視床下部が性腺刺激ホルモン放出ホルモン（GRH）という**ホルモン**を出したときだ。すぐに、近くにある脳下垂体が反応して、女の子の場合、卵胞刺激ホルモン（FSH）と黄体形成ホルモン（LH）というホルモンを出す。

3 男子の変化

男の子の場合、男性ホルモンが効いてくると、股間やワキの下、アゴに毛が生えてくる。精巣では、精子がつくられるようになる。15歳ごろには、1日につくられる精子の数が2億個にもなるんだ。

おもに6つのホルモンが、男の子と女の子のちがいをつくるのにかかわっている。ホルモンは、血液の中を回ってはたらく、化学物質のメッセンジャーだ。

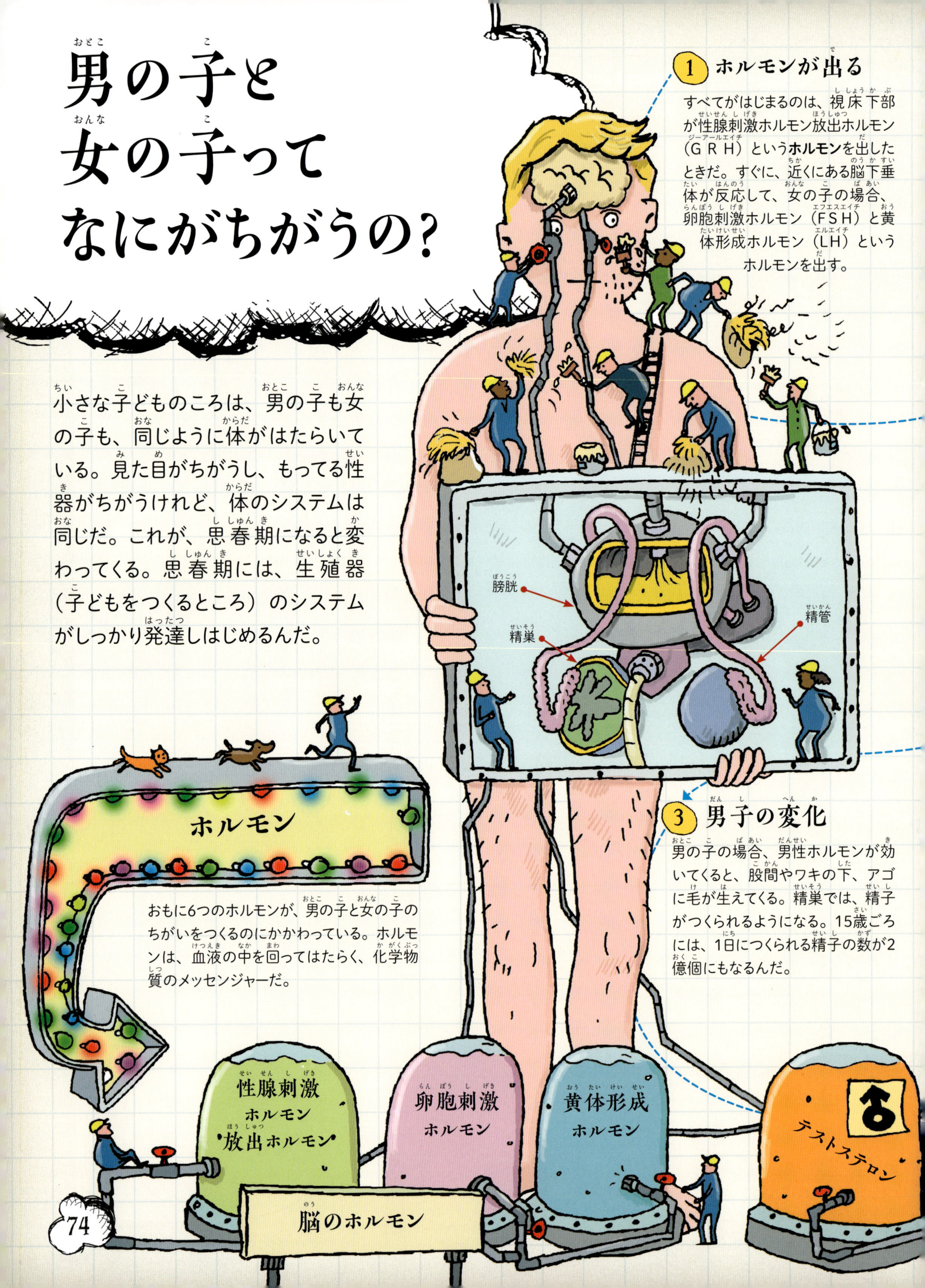

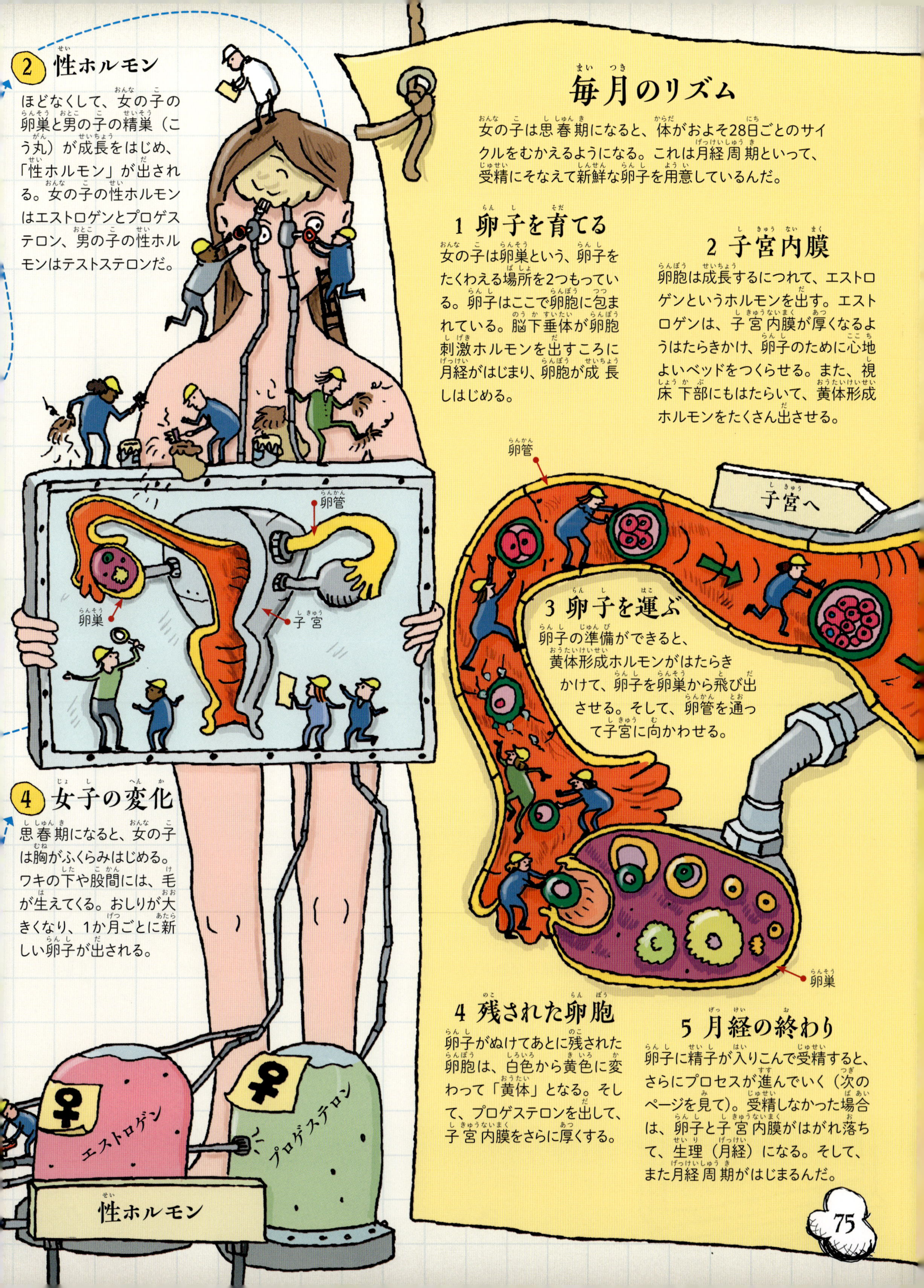

毎月のリズム

女の子は思春期になると、体がおよそ28日ごとのサイクルをむかえるようになる。これは月経周期といって、受精にそなえて新鮮な卵子を用意しているんだ。

1 卵子を育てる

女の子は卵巣という、卵子をたくわえる場所を2つもっている。卵子はここで卵胞に包まれている。脳下垂体が卵胞刺激ホルモンを出すころに月経がはじまり、卵胞が成長しはじめる。

2 子宮内膜

卵胞は成長するにつれて、エストロゲンというホルモンを出す。エストロゲンは、子宮内膜が厚くなるようはたらきかけ、卵子のために心地よいベッドをつくらせる。また、視床下部にもはたらいて、黄体形成ホルモンをたくさん出させる。

3 卵子を運ぶ

卵子の準備ができると、黄体形成ホルモンがはたらきかけて、卵子を卵巣から飛び出させる。そして、卵管を通って子宮に向かわせる。

4 残された卵胞

卵子がぬけてあとに残された卵胞は、白色から黄色に変わって「黄体」となる。そして、プロゲステロンを出して、子宮内膜をさらに厚くする。

5 月経の終わり

卵子に精子が入りこんで受精すると、さらにプロセスが進んでいく（次のページを見て）。受精しなかった場合は、卵子と子宮内膜がはがれ落ちて、生理（月経）になる。そして、また月経周期がはじまるんだ。

2 性ホルモン

ほどなくして、女の子の卵巣と男の子の精巣（こう丸）が成長をはじめ、「性ホルモン」が出される。女の子の性ホルモンはエストロゲンとプロゲステロン、男の子の性ホルモンはテストステロンだ。

4 女子の変化

思春期になると、女の子は胸がふくらみはじめる。ワキの下や股間には、毛が生えてくる。おしりが大きくなり、1か月ごとに新しい卵子が出される。

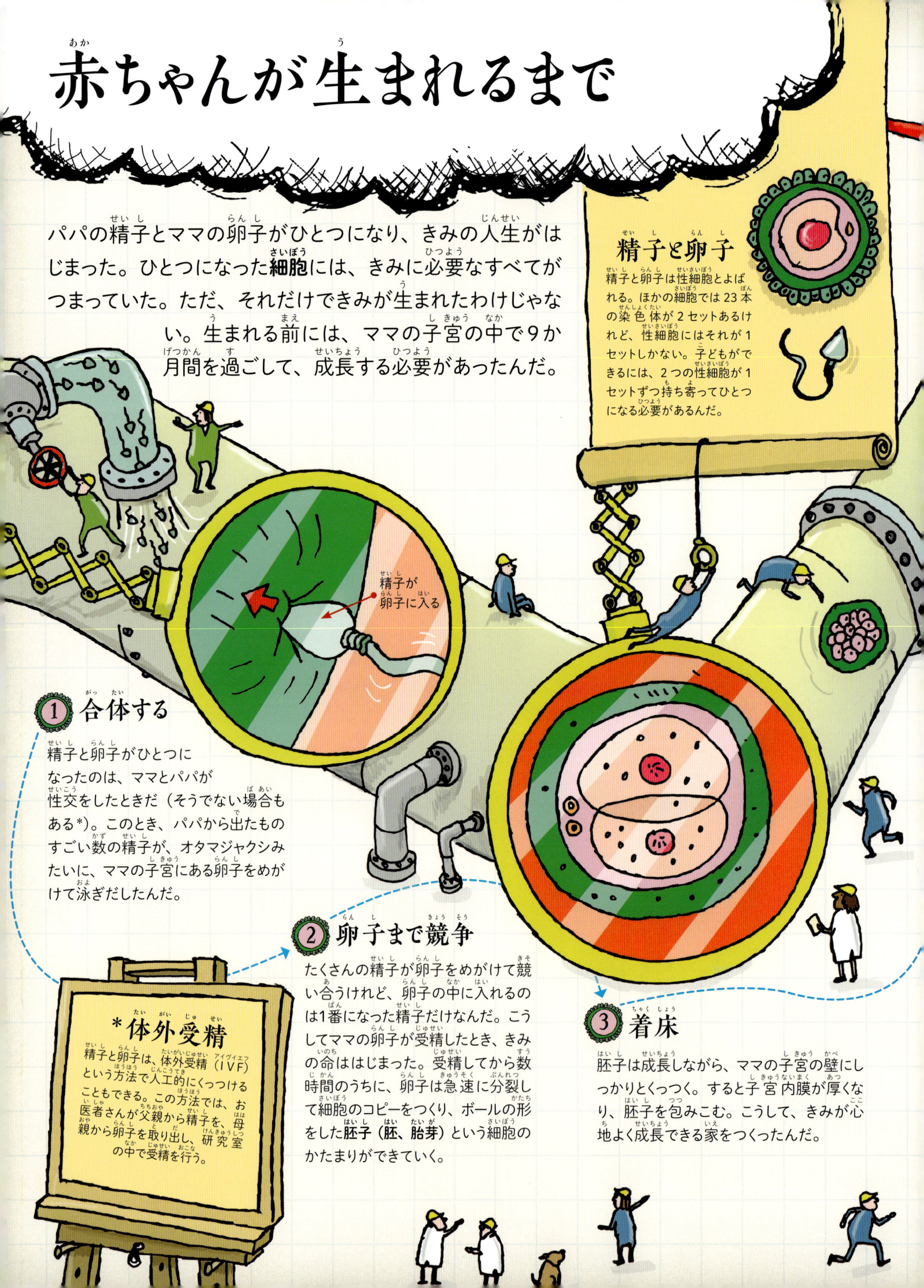

赤ちゃんが生まれるまで

パパの精子とママの卵子がひとつになり、きみの人生がはじまった。ひとつになった**細胞**には、きみに必要なすべてがつまっていた。ただ、それだけできみが生まれたわけじゃない。生まれる前には、ママの子宮の中で9か月間を過ごして、成長する必要があったんだ。

精子と卵子

精子と卵子は性細胞とよばれる。ほかの細胞では23本の染色体が2セットあるけれど、性細胞にはそれが1セットしかない。子どもができるには、2つの性細胞が1セットずつ持ち寄ってひとつになる必要があるんだ。

① 合体する

精子と卵子がひとつになったのは、ママとパパが性交をしたときだ（そうでない場合もある*）。このとき、パパから出たものすごい数の精子が、オタマジャクシみたいに、ママの子宮にある卵子をめがけて泳ぎだしたんだ。

*体外受精

精子と卵子は、体外受精（IVF）という方法で人工的にくっつけることもできる。この方法では、お医者さんが父親から精子を、母親から卵子を取り出し、研究室の中で受精を行う。

② 卵子まで競争

たくさんの精子が卵子をめがけて競い合うけれど、卵子の中に入れるのは1番になった精子だけなんだ。こうしてママの卵子が受精したとき、きみの命ははじまった。受精してから数時間のうちに、卵子は急速に分裂して細胞のコピーをつくり、ボールの形をした**胚子**（**胚**、**胎芽**）という細胞のかたまりができていく。

③ 着床

胚子は成長しながら、ママの子宮の壁にしっかりとくっつく。すると子宮内膜が厚くなり、胚子を包みこむ。こうして、きみが心地よく成長できる家をつくったんだ。

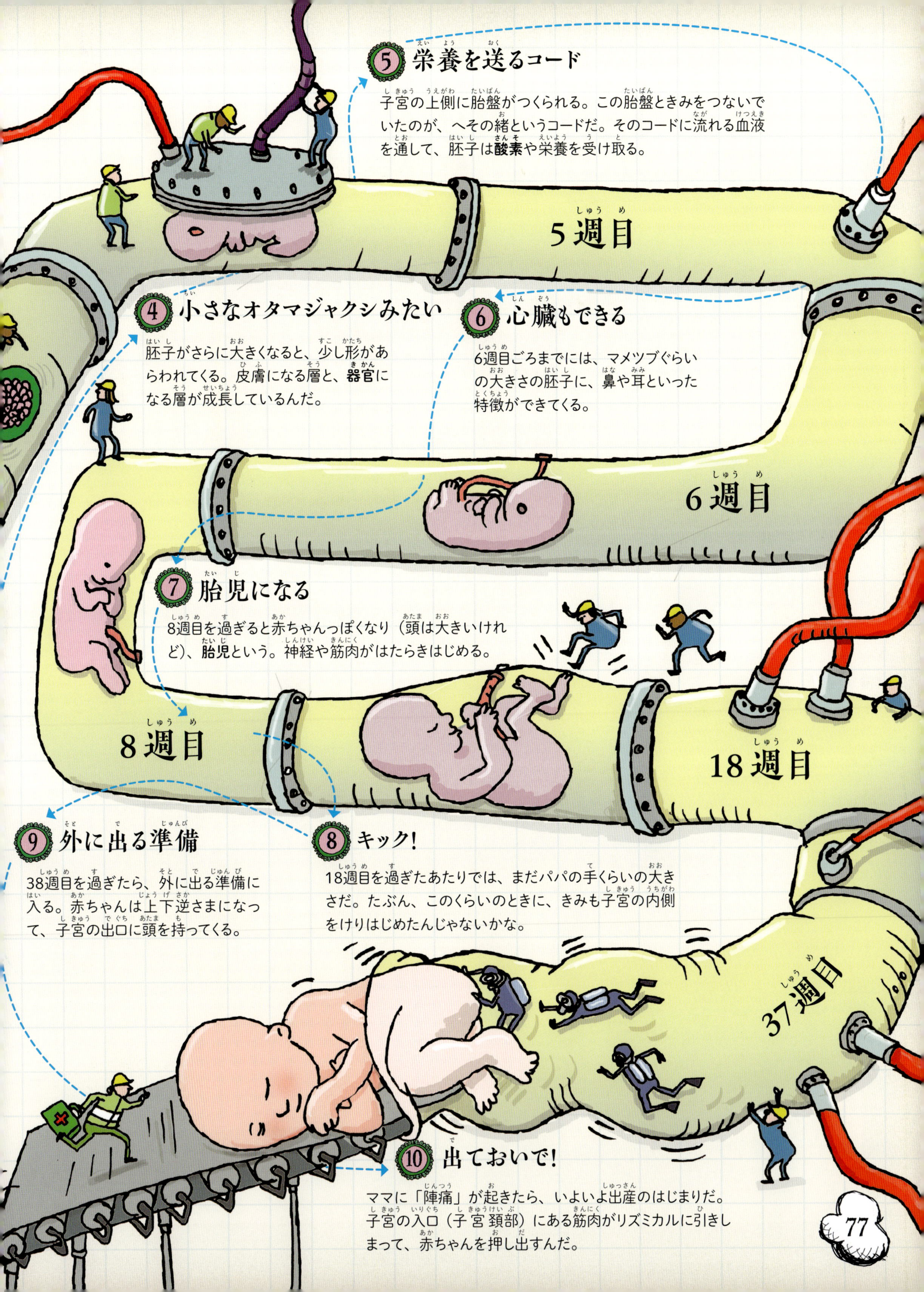

④ 小さなオタマジャクシみたい

胚子がさらに大きくなると、少し形があらわれてくる。皮膚になる層と、**器官**になる層が成長しているんだ。

⑤ 栄養を送るコード

子宮の上側に胎盤がつくられる。この胎盤ときみをつないでいたのが、へその緒というコードだ。そのコードに流れる血液を通して、胚子は**酸素**や栄養を受け取る。

⑥ 心臓もできる

6週目ごろまでには、マメツブぐらいの大きさの胚子に、鼻や耳といった特徴ができてくる。

⑦ 胎児になる

8週目を過ぎると赤ちゃんっぽくなり（頭は大きいけれど）、**胎児**という。神経や筋肉がはたらきはじめる。

⑧ キック！

18週目を過ぎたあたりでは、まだパパの手くらいの大きさだ。たぶん、このくらいのときに、きみも子宮の内側をけりはじめたんじゃないかな。

⑨ 外に出る準備

38週目を過ぎたら、外に出る準備に入る。赤ちゃんは上下逆さまになって、子宮の出口に頭を持ってくる。

⑩ 出ておいで！

ママに「陣痛」が起きたら、いよいよ出産のはじまりだ。子宮の入口（子宮頸部）にある筋肉がリズミカルに引きしまって、赤ちゃんを押し出すんだ。

用語集

この本でやっかいなことばに出あったとき、
このページを参考にしてほしい

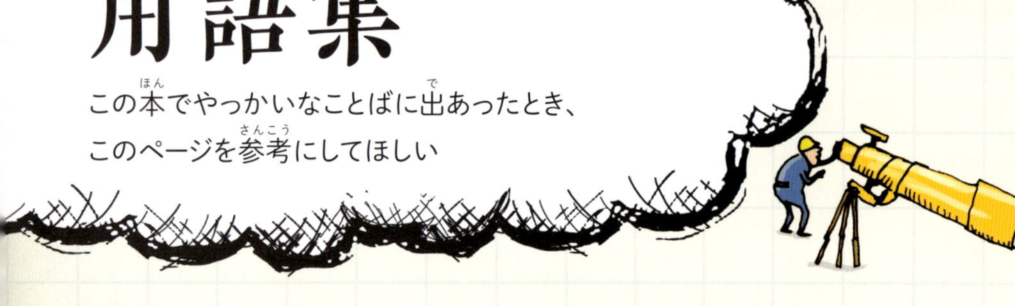

RNA
日々のいろんなはたらきのため、DNAの情報を一時的にコピーする物質。

アドレナリン
腎臓の上にある副腎から出されるホルモン。いざというとき、体の活動性を高める助けをする。

遺伝子
DNAのうち、特定のタンパク質のつくりかたが書かれた部分。

ウイルス
微生物のひとつ。人の体の細胞など、生きている細胞に入りこみ、乗っ取ることでしか生きていけない。

横隔膜
肺の下にあるドームのような筋肉のシート。

横紋(横しま)筋
骨格筋の別名。筋線維が並んでできており、「横紋」（横しま）が見られる。

感覚毛
ものすごく小さな、毛のような形をしたもの。気道（鼻）などにびっしりと並んで生え、ゆれ動くことで信号を送る。

器官
心臓や肝臓など。組織が集まって特別な形をとり、決まった仕事を行う。

結合組織
骨をはじめ、あらゆる組織をくっつけている組織。

嫌気性(無酸素)呼吸
筋肉（細胞）が酸素を使わずにエネルギーを得る方法。

好気性(有酸素)呼吸
ふだんの運動時に筋肉（細胞）が酸素を使ってエネルギーを得る方法。

酵素
体内での化学反応を速めるタンパク質。

抗体
白血球によってつくられ、何百万もの種類がある。侵入異物（微生物）のひとつひとつに合わせてつくられている。

呼吸器系
肺や気道など、息をするときにはたらくシステム。空気から酸素を取り出して体に届け、体に必要ない二酸化炭素を取りのぞく。

骨格
骨が組み合わさり、体をひとつにまとめているもの。

骨格筋
骨格にくっついている筋肉。体を動かせるのは骨格筋のおかげ。

骨細胞
骨をつくるスペシャリストの細胞。

コラーゲン
体のパーツをひとつにまとめる丈夫な素材。

細菌
微生物の一種。そのほとんどは無害だが、きみを病気にするものもいる。

細胞
何十兆個も集まって体を構成している基本ユニット。

細胞質
細胞の内側をつくる素材。液体に小さな器官がいっぱい浮かんでいる。

サルコメア
筋線維をつくっている小さなユニット。筋肉が縮むはたらきにかかわっている。

酸素
空気中にある気体。体にあるどんな細胞も、ブドウ糖からエネルギーを取り出すのに酸素を必要とする。

シナプス
神経細胞と、となりの神経細胞との間にある、とてもせまいすき間。

循環
体内をめぐる血液の動き。

消化器系
口から肛門まで、きみの体を通り抜ける長い管。その仕事は、食べ物を小さな分子化合物に分解し、体が吸収してさまざまなはたらきに使えるようにすることだ。

静脈
血液が心臓へもどるときに通る血管。

神経系
脳や脊髄、神経を含めた体内の通信ネットワーク。体中にあるセンサーで受け取った情報を脳まで運び、別の体のパーツにメッセージを送って、対応を指示する。

神経伝達物質
ある神経細胞から別の神経細胞へ、シナプスというすき間をわたって信号を運ぶ化学物質。

心室
心臓の下側にある部屋。ポンプのように縮んで血液を体中に送り出す。

心臓血管系
心臓と体をめぐる血管をまとめた名前。体内の細胞に酸素と栄養を行きわたらせ、細胞から不要なものを取りのぞき、細菌から

体を守る、というのがその仕事だ。

心房
心臓の上側にある部屋で、血液が心室に入る前にたまるところ。

赤血球
酸素を運ぶ細胞で、血液中に約25兆個いる。酸素を運んでいるときは、鮮やかな赤色を示す。

組織
体をつくっている基本的な材料。組織は同じグループの細胞でできている。

胎児
妊娠後8週目よりあとの、成長途中の赤ちゃん。

炭水化物
食べ物の栄養素のひとつ。体でブドウ糖に変換されてエネルギーになる。

タンパク質
体をつくっているおもな材料で、食事に欠かせないもの。

DNA
デオキシリボ核酸（deoxyribonucleic acid）の略。とても長くて複雑な分子で、すべての細胞の中にある。命のプログラムが保存されている。

動脈
心臓から拍出される血液が通る血管。

内分泌系
ホルモンという物質を血中に出して、体のはたらきをコントロールするシステム。

軟骨
丈夫だけれど弾力性がある。骨の端を守っている。鼻や耳などの形をつくっているのも軟骨だ。

ニューロン
神経細胞のこと。

胚子（胚、胎芽）
妊娠後8週目までの、成長途中の赤ちゃん。

肺胞
肺に何億個もある小さな空気の袋。ぶどうの実がなっているみたいに、ふさになってついている。

白血球
免疫系のさまざまな細胞をまとめた名前。血液にのって体を回り、微生物や異物から体を守る。

糜粥
胃によって食べ物がどろっとしたおかゆ状にされたもの。消化のため腸に送られる。

泌尿器系
腎臓や膀胱。体内の水分量をほぼ一定に保ち、余分な水分を尿として出すシステム。体内のいらない物質を取りのぞいてもいる。

ブドウ糖
単糖という、いちばんシンプルな糖のひとつ。体がおもなエネルギー源として使う。

平滑筋
内臓で、管や袋の形をつくっている筋肉。腸では食べ物を押し進め、血管では血液の流れをコントロールしている。

ヘモグロビン
すべての赤血球にある、鉄を含むタンパク質。酸素をつかみ、体の中の細胞に届けて回る。

ホルモン
内分泌腺より分泌される化学物質。血液に入って標的細胞までメッセージを運び、細胞がすべきことを伝える。

ミトコンドリア
どの細胞にもある発電所。ブドウ糖と酸素からエネルギーを生み出している。

脈（脈拍）
心臓が血液を送り出す拍動が手首などの血管に伝わり、周期的にドックン、ドックンと動くこと。

免疫系
体内に侵入してきた有害微生物と戦う、たくさんの有能な兵士たち。白血球や抗体などが含まれる。

毛細血管
顕微鏡でないと見えないくらい細い血管。血液と細胞の間で物質交換にはたらく。

輸血
ある人（ドナー）から別の人（レシピエント）に血液を移すこと。輸血は、血液型が同じ人に対して行われる。

リンパ球
微生物や異物と戦ういろいろな白血球をまとめた名前。B細胞、T細胞、キラーT細胞などがこれに含まれる。

リンパ系
リンパ液という液体を運ぶ管のネットワーク。体内の排水管の役割や、免疫系の役割をしている。

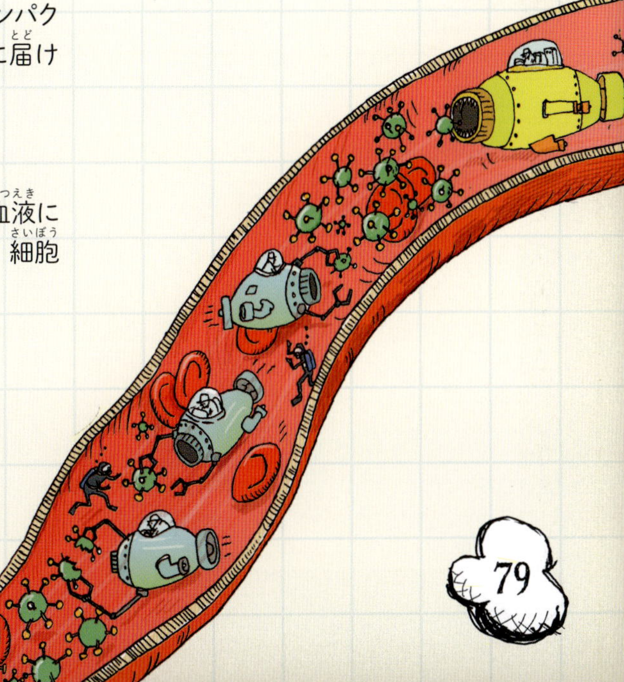

さくいん